HISTOIRE
DES ARBRES FORESTIERS

DE

L'AMÉRIQUE SEPTENTRIONALE.

Se trouve à Paris, chez :

L'Auteur, place S. Michel, n°. 8 ;

Treuttel et Wurtz, rue de Lille, n°. 17 ; même maison, à Strasbourg.

Gabriel Dufour et Cᵉ., rue des Mathurins S. Jacques, n° 7.

Bossange et Masson, rue de Tournon, n°. 6.

Le Charlier, à Bruxelles.

A Philadelphie :

Chez Samuel Bradford and Inskeep, South 3.ᵈ Street.

HISTOIRE
DES ARBRES FORESTIERS

DE

L'AMÉRIQUE SEPTENTRIONALE,

CONSIDÉRÉS PRINCIPALEMENT

SOUS LES RAPPORTS DE LEUR USAGE DANS LES ARTS
ET DE LEUR INTRODUCTION DANS LE COMMERCE,

AINSI QUE D'APRÈS LES AVANTAGES QU'ILS PEUVENT OFFRIR AUX GOUVERNEMENS EN EUROPE
ET AUX PERSONNES QUI VEULENT FORMER DE GRANDES PLANTATIONS.

PAR F.ⁱ ANDRÉ-MICHAUX,

Membre de la Société Philosophique américaine de Philadelphie ; des Sociétés
d'Agriculture de la même ville, de celles de Charleston, *Caroline méridionale;*
d'Hollowell, *District de Maine;* du département de la Seine, et de Seine-
et-Oise.

> . . . *arbore sulcamus maria, terrasque admovemus,*
> *arbore exædificamus tecta.*
> PLINI SECUNDI: *Nat. Hist.*, lib. XII.

TOME I.

PARIS,

DE L'IMPRIMERIE DE L. HAUSSMANN ET D'HAUTEL.

M. D. CCC. X.

A SON EXCELLENCE

MONSEIGNEUR

LE DUC DE GAËTE,

MINISTRE DES FINANCES,

GRAND-AIGLE DE LA LÉGION D'HONNEUR, etc., etc.

MONSEIGNEUR,

*C'est sous les auspices et par
les ordres de Votre Excellence, que
j'ai parcouru une troisième fois les*

vastes forêts de l'Amérique sep=
tentrionale. Vous avez voulu que les
nombreuses espèces d'arbres qui les
composent, fussent étudiées plus par=
ticulièrement qu'on ne l'avoit fait
jusqu'alors, sous le rapport de leur
utilité dans les arts et dans le com=
merce, et avoir des renseignemens
certains sur le plus ou moins d'a=
vantage qu'offre leur naturalisation
en France. Je me suis efforcé,
Monseigneur, de remplir ces vues
d'intérêt général, et c'est le résultat
d'observations faites dans quatre

cents lieues de pays, avec toute l'attention et la persévérance dont je suis capable, que j'ai l'honneur de Vous présenter.

Les nombreuses espèces de graines que j'ai recueillies pendant mon sé-jour en Amérique, et que j'ai fait parvenir à l'Administration des Forêts, la mettront à portée d'en-richir le sol forestier de l'Empire, d'arbres vraiment précieux, qui se multiplieront avec le temps, et attesteront à tous les siècles l'es-prit de prévoyance et d'amélioration qui distingue si éminemment l'administration de Votre Excellence.

Je suis, avec un profond respect,

De Votre Excellence,

Le très-humble et très-obéissant Serviteur,

F.s ANDRÉ - MICHAUX.

INTRODUCTION.

Les nombreux voyages que de savans naturalistes ont faits depuis plus d'un siècle dans l'Amérique septentrionale, et les relations qu'ils en ont publiées, ont appris combien cette partie du nouveau monde étoit favorisée de la nature sous le rapport du règne végétal. Mais le but que l'on s'est proposé jusqu'ici paroît avoir été d'accélérer les progrès de la Botanique, et d'ajouter à l'embellissement des jardins en Europe, plutôt que d'étudier les propriétés des plantes, et de faire connoître les usages auxquels les bois d'Amérique peuvent être employés. Si parmi ces naturalistes, quelques-uns se sont occupés de ce dernier objet, ce n'a jamais été que d'une manière fort imparfaite ; et c'est en vain que l'on chercheroit dans leurs écrits des notions certaines et détaillées sur cette matière : on n'y trouveroit que quelques renseignemens souvent inexacts et presque toujours incomplets. J'ai essayé de remplir cette lacune, et cette partie si intéressante de l'histoire des végétaux de l'Amérique septentrionale a attiré toute mon attention, dans les deux voyages que j'ai faits aux Etats-Unis, le premier en 1802, et l'autre en 1806. L'ouvrage que je présente au public est le fruit de mes recherches et de mes observations à cet égard.

Déjà, en 1805, j'ai lu à la Société d'Agriculture du département de la Seine un Mémoire dans lequel

j'avois réuni une partie des matériaux que je m'étois
procurés jusqu'alors , et je m'étois efforcé de faire
sentir de quelle importance il seroit pour la France
d'introduire dans nos forêts diverses espèces d'arbres
de l'Amérique septentrionale , remarquables par la
bonne qualité de leur bois , et par une végétation
vigoureuse et accélérée. Quelque temps après, j'offris
mes services, sous ce point de vue, à l'administration
forestière, qui les accepta : je retournai aux Etats-
Unis , et, malgré la difficulté des circonstances , j'ai
fait des envois de graines qui ont donné d'heureux et
abondans résultats , et j'ai eu la satisfaction de remplir les espérances que l'on avoit conçues de mon
voyage.

Suivant le plan que je m'étois tracé, j'ai dû , à mon
arrivée en Amérique , consacrer presque tout mon
temps à l'étude des arbres forestiers , considérés sous
leurs différens degrés d'utilité dans les arts. Les connoissances relatives à cet objet étoient principalement
dans la possession des artisans , et ce fut auprès d'eux
que je m'occupai de les recueillir , dans la vue de les
répandre , non - seulement parmi les Européens,
mais encore parmi les Américains des différentes parties de l'Union. J'ai entrevu , dès mes premières ten-
tatives, toute l'étendue de la tâche que je m'étois·
imposée, et j'ai reconnu combien étoit juste la ré-
flexion de M. Correa de Sera, dans son rapport à la
Société d'Agriculture du département de la Seine,
sur le voyage que je venois d'exécuter. « Quoique les
« sciences et les arts dussent se communiquer et

« s'entr'aider, disoit cet habile naturaliste, le plus
« souvent ils marchent à leur but à l'insçu les uns
« des autres. » C'est ainsi que les Botanistes sont arrivés au point de connoître scientifiquement le plus
grand nombre des arbres de l'Amérique septentrionale, sans se douter à peine des propriétés de chacun
d'eux ; tandis qu'au contraire, un siècle et demi d'expérience en a instruit les artisans des Etats-Unis,
dont la plupart cependant ne peuvent pas toujours
discerner les espèces avec précision, dans les forêts,
par leur feuillage, leurs fleurs ou leurs fruits. J'ose
me flatter que l'ouvrage que je fais paroître remplira
le double but de faire connoître aux uns, les propriétés de ces mêmes arbres, et aux autres les caractères extérieurs qui les distinguent, de manière à
éviter toute méprise.

Avant d'entrer dans aucun détail sur la marche que
j'ai suivie, je crois à propos de faire remarquer combien les espèces d'arbres de haute futaie sont plus variées dans l'Amérique du nord qu'en France; et je
cite la France préférablement aux autres pays de
l'Europe, parce qu'elle est très-favorisée sous le
rapport de la température. Le nombre des arbres
qui s'élèvent au-dessus de 9,74 mètres (trente pieds)
en Amérique, que j'ai tous observés et que je me
propose de décrire, est de cent trente-sept, dont
quatre-vingt-quinze sont employés dans les arts. En
France, nous n'en avons que trente-sept qui parviennent à cette élévation, dont dix-huit servent
à former nos forêts, et, parmi ces derniers, sept

seulement sont employés dans les constructions civiles et maritimes. Ce rapprochement est, comme
on le voit, très-favorable à l'Amérique, et pourroit
même faire concevoir une trop haute opinion des
arbres forestiers de cette partie du monde. Je dois
prémunir ici le public, d'une manière générale,
en me réservant de faire connoître fidèlement, dans
la suite de cet ouvrage, les seules espèces que je
crois utile de propager pour l'amélioration des forêts en Europe, ainsi que celles qui n'offrent d'autre
intérêt que celui d'embellir les parcs et les jardins,
en augmentant le nombre des variétés qu'on se plaît
à y rassembler.

Pour réunir le grand nombre d'observations et
prendre les informations indispensables pour le travail que je voulois exécuter, j'ai dû entreprendre de
nouveaux voyages dans les différens états de l'Union.
A partir du District de Maine, où l'on éprouve en
hiver des froids aussi longs et aussi rigoureux qu'en
Suède, quoiqu'il soit situé dix degrés plus au midi,
j'ai traversé tous les Etats Atlantiques jusqu'en Géorgie, où la chaleur est, pendant six mois de l'année,
aussi forte que dans les colonies des Indes occidentales. J'ai parcouru ainsi une étendue de 2222 kilomètres (cinq cents lieues) du nord-est au sud-ouest,
et j'ai fait, en outre, cinq autres voyages dans l'intérieur du pays. Le premier le long des rivières Kennebeck et Sandy, en passant par Hollowell, Wenslow, Noridgewak et Fermington ; le second, de
Boston au lac Champlain, en traversant les Etats de

New-Hampshire et de Vermont ; le troisième, de New-York aux lacs Erié et Ontario ; le quatrième, de Philadelphie aux bords des rivières Monongahela, Alléghany et Ohio ; et le cinquième enfin, de Charleston dans la Caroline du Sud aux sources des rivières Savannah et Oconee.

Dans mon premier voyage le long des côtes de l'Océan, je me suis arrêté dans les principaux Ports de mer pour y visiter les chantiers de constructions maritimes, et, en général, tous les ateliers où l'on s'occupe du travail des bois. Je me suis appliqué à consulter les ouvriers les plus habiles, nés dans le pays, et surtout ceux venus d'Europe ; j'ai comparé les opinions des uns et des autres, et j'ai eu le bonheur de rassembler de nombreux documens que je crois assez exacts. J'y suis parvenu au moyen d'une série de questions rédigées à l'avance pour chacun des métiers sur lesquels je me proposois d'obtenir des renseignemens dans toutes les villes par où je devois passer. Je ferai connoître les arbres dont les bois sont l'objet d'un commerce d'échange entre les Etats du Centre, du Midi et du Nord, ceux qui sont exportés des différentes parties de l'Union aux Indes occidentales et en Angleterre, ainsi que les contrées de l'intérieur du pays, d'où on les tire, et les Ports de mer où on les amène pour les exporter. J'indiquerai les différens bois qu'on apporte dans les villes comme combustibles, et qu'on présente aux consommateurs, séparés ou mêlés suivant leurs qualités respectives. D'autres objets assez importans ont

aussi attiré mon attention : telles sont la distinction
des bois qu'on emploie de préférence aux Etats-Unis
pour la clôture de tous les champs cultivés, et les
diverses espèces d'écorces qui servent pour le tannage des cuirs, soit qu'elles proviennent d'arbres
résineux, d'arbres qui perdent leurs feuilles, ou de
ceux qui restent toujours verts, ainsi que le degré de
bonté qu'on assigne à chacune de ces écorces et leur
prix comparatif.

Dans mes voyages à l'intérieur, j'ai étudié l'ensemble des forêts, soit qu'elles s'offrissent à moi comme
primitives, soit qu'elles fussent altérées par le voisinage de l'homme civilisé et des animaux domesti-
ques, dont la présence fait changer rapidement de
face à la nature. Je citerai à cette occasion des faits
curieux sur le renouvellement naturel de grandes
parties de forêts par des espèces étrangères aux localités. Ces faits prouveront que la nature elle-même
alterne dans ses productions spontanées, et ils vien-
dront à l'appui du principe déjà bien reconnu de la
rotation des récoltes dans la culture des terres et dans
le repeuplement artificiel des forêts en Europe.

En me rendant dans les Etats méridionaux, j'ai
tenu des notes exactes de la disparition successive
des différentes espèces d'arbres, et de l'apparition de
nouvelles espèces, effets dont la cause peut être at-
tribuée, soit à la température du climat, soit à la nature du sol qui, à cet égard, a une influence très-
remarquable. C'est ainsi que j'ai pu indiquer le point
où se montre pour la première fois le *Pinus australis,*

point qui est précisément le même où commencent,
vers le nord-est, les Landes américaines, appelées
Pine barrens, qui ont plus de 888 kilomètres (deux
cents lieues) de longueur sur 222 à 266 kilomètres
(cinquante à soixante lieues) de largeur, et dont les
limites, qui ne sont pas encore bien fixées, méritent
d'attirer l'attention des géographes des Etats-Unis.
Dans ce genre de recherches, je me suis aidé des notes
de mon père, qui s'en étoit lui-même fort occupé, et
qui, pour multiplier ses observations, et leur donner
un plus haut degré d'intérêt, avoit tout exprès fait un
voyage par terre à la Baie d'Hudson, en 1792.

Le genre d'étude auquel je me suis livré a dû
avoir pour résultat une connoissance approfondie
des arbres d'Amérique les plus intéressans et les plus
utiles pour être employés, soit comme combustibles, soit dans les différens genres de constructions.
Je ferai connoître, en faveur des propriétaires américains qui sauront apprécier l'importance et les
grands avantages pécuniaires qui pourroient résulter
pour eux ou leur famille de la conservation de leurs
bois, la manière dont ils doivent être aménagés, en
indiquant les espèces dont il faut favoriser la croissance, et celles, au contraire, qu'il convient de dé-
truire; car on ne doit pas, à mon avis, laisser subsister un mauvais arbre dans un lieu où il peut en
venir un meilleur; et il n'est pas de pays où il soit
plus important de faire ce choix qu'en Amérique. Je
ne crains pas même d'avancer que, de deux masses
de bois, situées dans le même canton et d'une

égale étendue, celle où l'on aura distrait les mauvaises espèces vaudra, à l'époque de la coupe, cinquante pour cent de plus que celle qui aura été abandonnée à la nature. Ainsi, il ne suffit pas, comme se contentent de le faire les propriétaires américains voisins des grandes villes, d'enclore les portions de bois qu'ils possèdent, pour les préserver des ravages des bestiaux de toutes sortes, qui, sans cette précaution, les parcourent presque toute l'année, et détruisent les jeunes plants à chaque printemps; il faut encore savoir extirper les espèces médiocres avec discernement, et suivant les localités. J'indiquerai aussi, à cette occasion, les arbres d'Europe qu'il conviendroit d'introduire dans les forêts américaines.

C'est ici le lieu de faire une remarque générale, relativement à l'aménagement des bois. On ne peut dissimuler que, dans l'état actuel des choses, les Européens n'aient, sous ce rapport, tout l'avantage sur les Américains. En Europe, la grande masse des forêts est dans les mains des gouvernemens, qui veillent à leur conservation avec toute la sollicitude qu'exige si impérieusement la nécessité, l'expérience ayant appris qu'on ne peut compter pour le service public, et même pour les besoins des peuples, sur les propriétés forestières appartenantes à des particuliers, parce que, tôt ou tard, venant à être le partage de personnes pressées de jouir, elles finissent par disparoître, et le terrein qui les portoit se trouve converti en cultures annuelles. En Amérique, au contraire, ni le gouvernement fédéral, ni ceux de chaque état, n'ont conservé aucunes portions de forêts. Il en est résulté une effrayante destruction, qui s'accroît sans cesse, et ne cessera d'augmenter en raison de la population. Déjà les effets s'en font vivement sentir dans les grandes villes, où l'on se plaint de plus en plus tous les ans, non-seulement de l'extrême cherté du bois de chauffage, mais même de la difficulté de se procurer des bois de construction pour les différens genres de travaux. Aujourd'hui l'on est obligé dans beaucoup d'ateliers de substituer au chêne blanc, des chênes d'une qualité inférieure; quelques années encore, et l'on trouvera à peine dans les îles de la Géorgie, le précieux chêne vert, si estimé dans les constructions navales.

Quoique la langue angloise soit parlée sans altération sensible dans presque toute l'Amérique septentrionale, cependant l'étendue des Etats-Unis, et leur colonisation à des époques différentes, y ont jeté une étrange confusion dans la nomenclature populaire des arbres. Ainsi la même espèce reçoit presque toujours des dénominations différentes, suivant les localités, fréquemment aussi le même nom est assigné à des espèces très-distinctes, et bien souvent enfin, trois ou quatre noms sont donnés au même arbre dans le même canton. J'ai recueilli avec soin ces diverses dénominations, en omettant, cependant celles qui m'ont paru trop bizarres, ou qui n'étoient employées que par un trop petit nombre de personnes; je les ai toutes rattachées au nom scientifique et au nom vulgaire que j'ai cru devoir préférer, et mon choix, à cet égard, s'est toujours porté sur celui que l'espèce décrite reçoit dans la partie des Etats-Unis, où elle est la plus abondante et la plus employée. La table dans laquelle j'ai rassemblé tous ces noms populaires, mettra chaque habitant des Etats-Unis à même de connoître les espèces qui croissent dans le lieu de sa demeure, et s'il a besoin de renseignemens sur celles qui se trouvent à quatre ou cinq cents milles de chez lui, il saura également, dans cette supposition, quel nom on leur donne et à quel usage leur bois est employé. Dans cette partie de mon travail, qui n'a pas été la moins difficile, et qui, je l'espère, ne sera pas la moins appréciée, j'ai consulté avec infiniment d'avantage plusieurs Américains distingués, auxquels je dois un témoignage public de reconnoissance : tels sont, M. le Rév^d. D^r. *H. Muhlemberg*, de Lancaster en Pensylvanie, un des plus savans botanistes que l'Amérique ait encore produits, et bien digne de figurer parmi ceux qui, en Europe, s'occupent avec le plus de succès de cette science aimable et attrayante ; M. *W. Hamilton*, amateur éclairé des sciences et des arts, qui se plaît à rassembler dans sa magnifique résidence de Woodland, près de Philadelphie, non-seulement tous les végétaux utiles des Etats-Unis, mais encore ceux de tous les pays du monde qui peuvent y offrir de l'intérêt dans les arts ou en médecine ; et M. *W. Bartram*, aussi connu par ses voyages et ses connoissances variées en histoire naturelle, que par

l'aménité de son caractère et l'obligeance avec laquelle il communique les fruits de ses études et de
ses observations.

La table générale qui précède les descriptions est
partagée en deux colonnes. La première offre le nom
scientifique de chaque espèce d'arbres, et immédiatement au-dessous le nom américain qui désormais devra
être reconnu comme fixe, d'après les considérations
qui ont été énoncées plus haut. La seconde contient
les diverses dénominations qu'on donne au même
arbre dans les différentes parties des Etats-Unis, où
il se trouve. Au moyen de cette table, on pourra *em-
brasser d'un coup-d'œil* la série de toutes les espèces
que je me propose de décrire, si le public en Europe,
et particulièrement dans les Etats-Unis, daigne ac-
corder son suffrage à mon travail. Dans tous les cas,
un ou deux numéros réunis renfermeront toujours
l'histoire complète d'un genre d'arbres; et quand
bien même, contre mon espoir, cet ouvrage vien-
droit à être suspendu dans le cours de sa publica-
tion, on n'en sera pas moins assuré d'avance d'avoir
d'abord, dans les deux premiers numéros, le com-
plément des Pins, et successivement celui des Noyers,
des Erables, etc., avantage qu'on ne trouve pas
toujours dans les entreprises de ce genre, offertes
par livraisons.

Je dois prévenir ici le public que je ne décrirai
que les espèces d'arbres qui ont été observées par
mon père et par moi dans les forêts mêmes de l'A-
mérique septentrionale, et dont les propriétés et les

usages me sont connus d'après les renseignemens
exacts que j'ai obtenus personnellement. J'ai pris
cette détermination, parce qu'il existe dans les pépinières et les jardins en Europe des arbres qu'on
assure être venus originairement de ces contrées,
mais que nous n'avons pas été assez heureux d'y
rencontrer. Je me contenterai d'indiquer ces arbres
d'après les auteurs qui en ont parlé. J'espère que le
public me saura gré de ma franchise à cet égard,
et qu'elle me mettra à l'abri de reproches pa-
reils à ceux que je me trouve obligé de faire à
sir A. B. Lambert, de la société royale de Londres, qui, depuis quelques années, a publié un
traité général des Pins, ouvrage d'une grande ma-
gnificence sous le rapport de la gravure et de
l'exécution typographique. Sept planches représen-
tent les espèces européennes, et huit sont consa-
crées à celles de l'Amérique septentrionale. Comme
je n'ai pas voyagé dans les pays du nord de l'Europe,
où se trouvent le plus grand nombre des variétés de
pins de cette partie du monde, je ne me permettrai
aucunes critiques sur tout ce qui a rapport aux premières ; mais la description des espèces américaines,
que j'ai observées par moi-même dans les pays où
elles croissent, est tellement inexacte ou incom-
plète, qu'il m'a paru nécessaire de rectifier l'opinion
qu'on auroit pu s'en former, d'après cet auteur. Cette
considération, jointe à l'importance que présente le
genre des Pins, dont la plupart des espèces sont d'un
emploi si varié dans les constructions civiles et mari-

times, et forment un article considérable de commerce dans les Etats-Unis, ont été les motifs qui m'ont déterminé à commencer par en donner la description.

Je me propose de terminer cet ouvrage par un résumé, dans lequel on trouvera l'indication de toutes les espèces de bois mises en œuvre dans chaque métier. Ainsi, sous le titre de *constructions navales*, on verra d'un coup-d'œil de quelles espèces d'arbres sont tirées toutes les pièces qui entrent dans la composition d'un navire, dans le district de Maine, à Boston, à Philadelphie, à Charleston, à Savanah, à Pittsburg ou à Louisville sur les bords de l'Ohio; et sous le titre de *constructions civiles*, on trouvera également les différentes sortes de bois dont les maisons sont bâties dans les mêmes lieux. Ce résumé offrira, je crois, un ensemble satisfaisant, sans dispenser cependant ceux qui auront besoin de renseignemens plus détaillés, d'avoir recours à la description et à la figure de chaque arbre.

Je crois n'avoir plus rien à ajouter pour bien faire connoître le but que je me suis proposé, et la marche que j'ai suivie dans la composition de cet ouvrage. Je pense, je le répète, que la manière dont j'ai considéré mon sujet sera plus utile en Europe et en Amérique aux propriétaires ruraux et aux personnes qui s'occupent du travail des bois, que si je ne l'avois traité que sous le point de vue scientifique. Il m'a semblé nécessaire de joindre aux descriptions des figures coloriées, et j'ai lieu de croire que tout le monde en sentira l'avantage, après avoir lu avec attention les développemens qui précèdent. Ces planches seront toujours d'un grand secours, et souvent même seront indispensables pour faire distinguer les espèces aux personnes que je viens de désigner, et à qui cet ouvrage est principalement destiné.

J'aurois bien désiré étendre mes recherches sur des points plus éloignés, et notamment dans la haute et basse Louisiane. Ces voyages auroient sans doute augmenté la longue liste des arbres dont je donne la description ; mais différens obstacles ont enchaîné l'activité qui me portoit vers ces contrées, encore peu connues sous ce rapport, et que je regretterai toujours de n'avoir pas visitées. Forcé de céder, à cet égard, à l'empire des circonstances, je m'estimerai encore assez heureux si les efforts que j'ai faits peuvent mériter l'approbation des personnes instruites et bienveillantes qui n'ont cessé de m'encourager, pendant mon séjour en Amérique, dans l'entreprise que j'ai exécutée. Je laisse à quelques-uns des élèves de MM. les professeurs Barton et Hosack, animés, comme leurs maîtres d'un zèle ardent pour les progrès des sciences naturelles dans les Etats-Unis, à perfectionner mon travail, et à offrir à leurs concitoyens un traité sur ce sujet plus complet et plus digne d'eux; ce sera, je crois, la meilleure critique qui pourra être faite de celui que je fais paroître aujourd'hui.

TABLEAU INDICATIF

DES ESPÈCES D'ARBRES

QUI SERONT DÉCRITES DANS CET OUVRAGE,

ET DE L'ORDRE DANS LEQUEL ELLES SERONT PUBLIÉES.

La première colonne indique le nom botanique et le nom américain qui désormais devra être reconnu comme fixe ;

La seconde, les noms vulgaires en usage dans les diverses parties des Etats-Unis et au Canada.

Nom botanique et nom américain.	Noms vulgaires employés dans les diverses parties des Etats-Unis.
Pinus rubra. . . . *Red pine* . . . . . (*Norway pine.*)	*Red pine* (Pin rouge), seule dénomination donnée à cet arbre en Canada, et souvent usitée à la Nouvelle-Ecosse, à la Nouvelle-Brunswick, ainsi que dans le District de Maine. *Norway pine* (Pin de Norwège, nom plus généralement en usage que le précédent dans le District de Maine et la partie supérieure des Etats du New-Hampshire et de Vermont, mais moins convenable. *Yellow pine* (Pin jaune), nom employé secondairement à la Nouvelle-Ecosse. *Pin rouge*, seul nom donné à cet arbre, par les François-Canadiens.

Noms botaniques et américains.	Noms vulgaires employés dans les diverses parties des Etats-Unis.
Pinus rupestris . . Grey pine.	*Grey pine* (Pin gris), dénomination donnée généralement à cet arbre en Canada, par les Anglois et les François-Canadiens. *Scrub pine* (Pin chétif), nom en usage à la Nouvelle-Ecosse et dans quelques cantons du District de Maine.
Pinus mitis . . . . Yellow pine. . . .	*Yellow pine* (Pin jaune), dénomination générale dans tous les Etats du milieu. *Short leaved pine* (Pin à courtes feuilles), nom en usage dans les Etats méridionaux. *Spruce pine* (Pin sapin) dénomination secondaire dans cette même partie des Etats-Unis.
Pinus inops. . . . Jersey pine. . . .	*Jersey pine* (Pin du Nouveau-Jersey), dénomination donnée généralement à cette espèce dans la partie basse du New-Jersey où elle abonde. *Scrub pine* (Pin chétif), nom usité en Virginie et dans les parties de la Pensylvanie où se trouve cet arbre.
Pinus pungens . . Table mountain pine.	*Table mountain pine* (Pin de la montagne de la Table), seule dénomination en usage aux environs de cette montagne, dans la haute Caroline du nord.
Pinus australis . . Long leaved pine.	*Long leaved pine* (Pin à longues feuilles), *Yellow pine* (Pin jaune), *Pitch pine* (Pin à goudron), *Broom pine* (Pin à balais); dénominations plus ou moins usitées dans la

Noms botaniques et américains.	Noms vulgaires employés dans les diverses parties des Etats-Unis.
Pinus australis . . *Long leaved pine.*	partie basse des Etats du midi , où croît seulement cette espèce. *Southern pine* (Pin du midi) , et *Red pine* (Pin rouge) , nom donné à cet arbre dans les Etats du milieu et du nord, par ceux qui l'emploient, eu égard au pays d'où il vient et à sa qualité. *Georgia pitch pine* , dans les colonies des Indes occidentales et en Angleterre.
Pinus serotina. . . *Pond pine.*	*Pond pine* (Pin des mares), nom donné par moi à cette espèce, qui n'en a aucun dans les Etats méridionaux.
Pinus rigida. . . . *Pitch pine.*	*Pitch pine* (Pin à goudron), dénomination générale dans tous les Etats du nord et du milieu.
Pinus tæda. . . . . *Loblolly pine.* . .	*Loblolly pine*, seule dénomination dans les Etats du midi. *White pine* (Pin blanc), quelquefois en usage aux environs de Petersburg en Virginie.
Pinus strobus. . . *White pine.* . . .	*White pine* (Pin blanc), seul nom donné à cet arbre dans tous les États-Unis, à la Nouvelle-Écosse et à la Nouvelle-Brunswick. *Pumkin pine* (Pin potiron), *Sapling pine* (Pin baliveau); dénominations secondaires dans les Etats de Vermont, New - Hampshire et le District de Maine, quant à la qualité du bois tendre ou dur.

Noms botaniques et américains.	Noms vulgaires employés dans les diverses parties des Etats-Unis.
Pinus strobus. . . *White pine.* . . .	*Pin blanc*, par les François du Canada. *Pin du Lord Weymouth*, en France et en Angleterre.
Abies nigra. . . . *Black spruce.* . . *(Double spruce.)*	*Black* or *Double spruce* (Sapin noir *ou* Sapin double), dénomination employée dans les Etats du nord, le District de Maine et la Nouvelle-Écosse. *Red spruce* (Sapin rouge), dans les mêmes contrées, eu égard à de plus grandes dimensions, relativement à certaines localités. *Epinette noire*, et *Epinette à la bière*, par les François-Canadiens. *Sapinette noire*, en France.
Abies alba. . . . . *White spruce.* . . *(Single spruce.)*	*White* or *Single spruce* (Sapin blanc *ou* sapin simple), dénomination également en usage dans les Etats du nord, le District de Maine et la Nouvelle Écosse. *Epinette blanche*, par les François-Canadiens. *Sapinette blanche*, en France.
Abies canadensis. *Hemlock spruce.* .	*Hemlock spruce* (Sapin hemlock); seule dénomination en usage dans toutes les parties des États-Unis où se trouve cet arbre. *Pérusse*, par les François-Canadiens.
Abies balsamifera. *Sylver fir.*	*Sylvir fir* (Sapin argenté), *Fir balsam*, Sapin baumier), *Balsam of Gilead tree* (Baumier de Giléad);

Noms botaniques et américains.	Noms vulgaires employés dans les diverses parties des Etats-Unis.
Abies balsamifera. *Sylver fir.*	Dénominations également en usage dans la partie la plus septentrionale des États-Unis.
Juglans nigra. . . *Black walnut.* . .	*Black walnut* (Noyer noir), seule dénomination dans les Etats du milieu et de l'ouest. *Noyer noir*, par les François des Illinois et de la Louisiane.
J. cathartica. . . . *Butter nut.*	*Butter nut* (Noix de beurre), seul nom donné à cet arbre dans les Etats de New-York et de la Virginie. *White walnut* (Noyer blanc), dénomination très-usité dans les Etats de Pensylvanie, et de Maryland. *Oil nut* (Noyer à l'huile), nom le plus en usage dans les Etats du New-Hampshire, de Connecticut et de Vermont.
J. olivæformis. . . *Pacane nut h^y.* . .	*Pacane nut* (Noyer pacane ou Pacanier), nom conféré à cet arbre dans la haute Louisiane, par les François-Illinois et de la Louisiane, et adopté par les Américains.
J. amara. . . . . . *Bitter nut hickery.*	*Bitter nut hickery* (Noyer amer), seul nom en usage dans les Etats de New-York, du New-Jersey. *White hickery* (Hickery blanc), dénomination la plus générale dans toute la Pensylvanie. *Noyer amer*, par les François-Canadiens et des Illinois.

Noms botaniques et américains.	Noms vulgaires employés dans les diverses parties des Etats-Unis.
J. aquatica. . . . . *Water bitter nut hickery.*	*Water bitter nut*, nom donné par moi à cette espèce qui n'en a aucun dans les Etats méridionaux où elle croît.
J. tomentosa. . . *Mocker nut hick^y.*	*Mocker nut hickery* (Noix moqueuse), connu plus généralement sous ce nom dans les Etats de New-York et de New-Jersey. *White heart hickery*, secondairement usité dans ces deux Etats. *Common hickery*, en Pensylvanie, dans le Maryland et plus au sud. *Noyer dur*, par les François-Illinois.
J. squamosa. . . . *Shell bark hickery.*	*Shell bark hickery* (Noyer écailleux), nom le plus en usage dans tous les Etats-Unis. *Shag bark hickery*, dénomination secondaire au nord de la rivière de Connecticut. *Kiskythomas*, par les Hollandois du New-Jersey. *Noyer tendre*, par les François des Illinois.
J. laciniosa. . . . *Thick shell bark hickery.*	*Thick shell bark hickery* (Noyer écailleux à coque épaisse), nom donné à cette espèce dans les Etats de l'ouest où elle est le plus souvent confondue avec le vrai *Shell bark hickery* (Noyer écailleux). *Glocester nut hickery* (Noyer de Glocester en Virginie), connue sous ce

Noms botaniques et américains.	Noms vulgaires employés dans les diverses parties des Etats-Unis.

Juglans laciniosa.
Thick shell barck hickery. . . . .
{ seul nom dans cette partie de la Virginie.
Springfield hickery (Hickery de Spring field), autre dénomination donnée à cet arbre dans cet endroit, peu éloigné de Philadelphie.

J. porcina . . . .
Pig nut hickery. . .
{ *Pig nut hickery* (Noix à cochon), dénomination la plus générale dans tous les États-Unis.
Hog nut hickery (Noix à cochon), plus usitée dans quelques cantons de la Pensylvanie.

J. myristicaformis.
Nutmeg hick. nut.
{ *Nutmeg hickery nut* (Hickery muscade), nom donné par moi à cette espèce, qui n'en a aucun dans les Etats du midi.

Quercus alba. . .
White oak. . . . .
{ *White oak* (Chêne blanc), dénomination générale et unique dans tous les États Unis.
Chêne blanc, par les François-Canadiens.

Q. muscosa. . . . .
Mossy cup oak. . .
{ *Mossy cup oak*, nom donné par moi à cette espèce, qui se trouve dans le Gennessée , (Etat de New-York) et près Albany.

Q. macrocarpa. . .
Over cup white oak
{ *Over cup white oak* (Chêne frisé à gros gland), dénomination générale dans les Etats du Kentucky et du Tennessée.

Noms botaniques et américains.	Noms vulgaires employés dans les diverses parties des Etats-Unis.
Q. obtusiloba. . . *Post oak.*	*Post oak* (Chêne à pieux), dénomination générale dans les deux Carolines, la Géorgie et l'Etat du Tennessée. *Iron oak* (Chêne de fer), nom secondaire dans ces mêmes contrées. *Box oak* (Chêne buis), *Box white oak* (Chêne buis blanc), dans l'Etat de Maryland et la partie de la Virginie qui l'avoisine.
Q. lyrata. . . . . . *Over cup oak.* . .	*Over cup oak* (C. à gland renfermé), *Swamp post oak* (Chêne à pieux, des Swamps,) dénominations également usitées dans la partie basse des Etats méridionaux. *Water white oak* (Chêne blanc d'eau), nom secondaire dans les mêmes pays.
Q. p.ᵘˢ discolor. *Muhl* . . . . . . *Swamp white oak.*	*Swamp white oak* (Chêne blanc des Swamps), dénomination la plus usitée dans les Etats du nord et du milieu. *Water chesnut oak*, (Chêne châtaignier d'eau), dans la Pensylvanie.
Q. p.ᵘˢ palustris. . *Chesnut white oak*	*Chesnut white oak* (Chêne blanc châtaignier), dénomination la plus en usage dans la partie basse des Carolines et de la Géorgie. *White oak* (Chêne blanc), particulièrement sur la rivière Savannah. *Swamp chesnut oak* (Chêne châtaignier des Swamps), nom secondaire dans les mêmes contrées.

Noms botaniques et américains.	Noms vulgaires employés dans les diverses parties des Etats-Unis.
Q. p.ⁿ monticula. . *Rock chesnut oak.*	*Rock chesnut oak* (Chêne châtaignier des rochers), seul nom donné a cette espèce dans les Etats de New-York et de Vermont. *Rock* et *rocky oak* (Chêne des rochers), dans cette même partie des États-Unis. *Chesnut oak* (Chêne châtaignier), seul nom usité en Pensylvanie et en Virginie.
Q. p.ⁿ acuminata. *Yellow oak.* . . .	*Yellow oak* (Chêne jaune), nom donné à cet arbre dans le comté de Lancaster en Pensylvanie. Aucune dénomination particulière, dans les autres parties des Etats-Unis.
Q. p.ⁿ chincapin. *Chincapin oak.* . .	*Chincapin oak* (Chêne chincapin), dans la partie haute des Carolines et de la Géorgie. *Small chesnut oak* (petit Chêne châtaignier), dans l'Etat de New-Yorck et dans la Pensylvanie.
Q. virens . . . . . *Live oak.*	*Live oak* (Chêne vert), seule dénomination dans tous les Etats méridionaux
Q. phellos. . . . . *Willow oak.* . . .	*Willow oak* (Chêne saule) , seule dénomination en usage dans la Pensylvanie, et dans les Etats situés plus au sud.
Q. imbricaria. . . *Laurel oak.* . . .	*Laurel oak* (Chêne laurier), dénomination secondaire dans les Etats à l'ouest des monts Alléghanys. *Black jack oak*, plus usitée , mais moins convenable, étant donnée à une autre espèce à qui elle est conservée. *Chêne à latte*, par les François-Illinois.

Noms botaniques et américains.	Noms vulgaires employés dans les diverses parties des Etats-Unis.
Q. cinerea. . . . . *Upland willow oak*	*Barrens willow oak* (Chêne saule des landes), partie basse des Etats du Sud.
Q. pumila. . . . . *Running oak*. . . .	*Running oak* (Chêne traçant), partie basse des Etats du midi.
Q. heterophylla. . *Bartram's oak*. . .	*Bartram's oak* (Chêne à W. Bartram), sur la rivière Schuylkill, près Philadelph.
Q. aquatica. . . . *Water oak*.	*Water oak* (Chêne d'eau), dénomination générale en Virginie et dans les Etats plus au sud.
Q. ferruginea. . . *Black jack oak*. .	*Black Jack oak*, seul nom en usage dans les Etats méridionaux. *Barrens oak* (Chêne des lieux arides), à Philadelphie, dans le Bas-Jersey et l'Etat de Delaware.
Q banisteri. . . . *Bear' oak*.	*Bear' oak* (Chêne d'ours), connu sous ce nom dans les Etats de New-Jersey et de New-York. *Black scrub oak* (Chêne noir chétif), dans les Etats au nord de la rivière de Connecticut. *Scrub oak* (Chêne chétif), dans quelques parties de la Pensylvanie et de la Virginie.
Q. catesbœi. . . . *Barrens scrub oak*.	*Barrens scrub oak* (Chêne chétif *ou* rabougri des landes), dans les partie basses des deux Carolines et de la Géorgie.
Q. falcata. . . . . *Spanish oak*. . .	*Spanish oak* (Chêne d'Espagne), seul nom en usage dans les Etats de Pensylvanie, Maryland et Virginie.

Noms botaniques et américains.	Noms vulgaires employés dans les diverses parties des Etats-Unis.
Quercus falcata. *Spanish oak.*	*Red oak* (Chêne rouge), dans la partie basse des Etats méridionaux.
Q. tinctoria. *Black oak.*	*Black oak* (Chêne noir), seule dénomination dans tous les Etats du milieu, de l'ouest et du midi. *Quercitron oak,* nom du commerce; *Chêne noir,* par les François-Illinois.
Q. coccinea *Scarlet oak.*	*Scarlet oak* (Chêne écarlate), nom donné par moi à cette espèce, qui, dans tous les Etats du milieu, porte le nom de Chêne rouge, *red oak,* étant confondue avec une autre espèce, à laquelle nous réservons cette dénomination.
Q. ambigua. *Grey oak.*	*Grey oak* (Chêne gris), seul nom donné à cette espèce dans les Etats de New-Hampshire, et de Vermont, ainsi que dans le District du Maine, la Nouvelle-Brunswick et la Nouvelle-Ecosse.
Quercus palustris. *Pine oak.*	*Pine aok* (Chêne à épingle), nom donné à cette espèce dans les Etats de New-York et du New-Jersey. *Swamp Spanish oak* (Chêne d'Espagne, des marais), dans les Etats de Pensylvanie et de Maryland.
Q. rubra *Red oak.*	*Red oak* (Chêne rouge), connu sous cette seule dénomination dans tous les Etats du nord et du milieu.
Betula papyracea. *Canoe birch.*	*Canoe birch* (Bouleau à canot), *Paper birch* (Bouleau à papier), Dénominations également usitées dans

Noms botaniques et américains.	Noms vulgaires employés dans les diverses parties des Etats-Unis.
Betula papyracea. *Canoe birch.*	les Etats de New-Hampshire, Vermont, le District de Maine, la Nouvelle-Ecosse, et plus au nord. *White birch* (Bouleau blanc), également employée dans les mêmes contrées. *Bouleau à canot*, par les Français-Canadiens.
Betula populifolia. *White birch.*	*White birch* (Bouleau blanc), dénomination générale dans les Etats du nord et du milieu. *Old field birch* (Bouleau des terreins secs *ou* des champs abandonnés).
Betula rubra. *Red birch*	*Red birch* (Bouleau rouge), dans l'Etat du New-Jersey et dans quelques cantons de la Pensylvanie. *Broom birch* (Bouleau à balais,) nom secondaire dans la Pensylvanie. *Birch* (Bouleau), dans les Etats plus au sud.
Betula lenta. *Black birch.*	*Black birch* (Bouleau noir), dénomination la plus en usage dans les Etats du nord et du milieu. *Cherry birch* (Bouleau merisier), nom secondaire dans quelques cantons des états du nord. *Sweet birch* (Bouleau odorant), dans les Etats du milieu. *Moutain mahogany* (Acajou de montagne), dans une partie de la Virginie. *Cherry birch* (Bouleau merisier), par les Français du Canada.

Noms botaniques et américains.	Noms vulgaires employés dans les diverses parties des Etats-Unis.
Betula lutea . . . . *Yellow birch.* . .	*Yellow birch* (Bouleau jaune), nom donné à cette espèce dans les Etats de Vermont et de New-Hampshire, ainsi que dans le District du Maine et la province de la Nouvelle-Brunswick.
Castanea vesca . . . *Chesnut.*	*Chesnut* (Châtaignier), seul nom dans toutes les parties des Etats-Unis où croît cet arbre.
Castanea pumila . . *Chincapin*	*Chincapin*, seule dénomination dans les Etats du milieu, du sud et de l'ouest.
Fagus sylvestris . . *White beech* . . .	*Beech* (Hêtre), dans les Etats du milieu et de l'ouest. *White beech* (Hêtre blanc), dans les Etats les plus septentrionaux et le District de Maine.
F. ferruginea. . . . *Red beech.*	*Red beech* (Hêtre rouge), dans les Etats du nord et le District de Maine.
Chamœrops palmeto. . . . . *Cabage tree.*	*Cabage tree* (Chou palmiste), dans la partie maritime des États méridionaux.
Ilex opaca . . . . . *American holly* .	*American Holly* (Houx d'Amérique), dans toutes les parties des États-Unis où il croît.
Diospiros virginiana. . . . . *Persimons.*	*Persimons*, seule dénomination dans tous les États-Unis où cet arbre se trouve. *Plaqueminier*, par les Français de la Haute et Basse-Louisiane.
Acer eriocarpum. . *White maple* . . .	*White maple* (Erable blanc), seule dénomination sur les bords de l'Ohio et des rivières qui viennent s'y rendre. *Soft maple* (E. tendre), dans les Etats

Noms botaniques et américains.	Noms vulgaires employés dans les diverses parties des États-Unis.
Acer eriocarpum. . *White maple.* . .	Atlantiques, où cette espèce est souvent confondue avec le vrai Érable rouge. *Sir wager maple*, en Angleterre, où cet arbre a été introduit.
Acer rubrum. . . . *Red flowering maple*	*Red flowering maple* (Erable à fleurs rouges), *Swamp maple* (Erable des swamps), *Soft maple* (Erable tendre), Dénomination en usage dans tous les Etats Atlantiques. Celle de *red flowering maple* (Erable à fleurs rouges), l'est davantage en Virginie, et celle de *soft maple* (Erable tendre), dans le bas de l'Etat de New-York et du New-Jersey. *Maple tree* (arbre d'Erable), dans la Pensylvanie, la Virginie et l'Etat de l'Ohio, à l'ouest des monts Alléghanys. *Érable plaine*, par les Français du Canada.
A. saccharinum. . . *Sugar maple.* . . .	*Sugar maple* (Erable à sucre), dénomination générale, mais qui ne prévaut cependant que dans les Etats du milieu à l'est des monts Alléghanys ; sous ce même nom, on comprend souvent encore dans le Génessée, l'espèce suivante. *Rock maple* (Erable des rochers), nom qui prévaut dans tous les Etats situés au nord de la rivière Hudson, ainsi que dans le District de Maine, la Nouvelle-Brunswick et la Nouvelle-Ecosse.

Noms botaniques et américains.	Noms vulgaires employés dans les diverses parties des Etats-Unis.
Acer saccharinum . *Sugar maple* . . .	*Hard maple* (Erable dur), secondairement en usage dans ces mêmes Etats. *Erable sucre*, par les Français du Canada.
A. nigrum . . . . . *Black sugar tree.*	*Sugar tree* (Arbre à sucre), dénomination générale sur les bords de l'Ohio et des rivières qui viennent s'y rendre, où souvent encore, l'on désigne sous le même nom, l'espèce précédente. *Black sugar tree* (Arbre noir à sucre), nom secondaire mais qui doit être préféré.
A. negundo . . . . *Box elder.*	*Box elder*, seule dénomination dans les Etats de l'Ouest, où cet arbre est le plus abondant et le plus connu. *Ash leaved maple* (Erable à feuilles de frêne), nom qui lui est donné quelquefois dans les Etats Atlantiques. *Erable à giguière*, par les Français des Illinois.
A. striatum. . . . . *Moose wood* . . .	*Moose wood* (Bois d'Elan), dénomination générale et unique dans tous les Etats du nord, ainsi qu'à la Nouvelle-Brunswick et à la Nouvelle-Ecosse. *Striped maple* (Erable jaspé), par quelques personnes dans les Etats du milieu.
Nyssa grandidentata *Large tupelo* . . .	*Large tupelo* (Grand Tupelo), nom le plus général dans les Etats du sud. *Water tupelo* (Tupelo d'eau), nom secondaire dans les mêmes Etats.

Noms botaniques et américains.	Noms vulgaires employés dans les diverses parties des Etats-Unis.
Nyssa capitata. . . Sour tupelo . . .	*Sour tupelo* (Tupelo à fruits aigres), dans l'Etat de Géorgie.
N. sylvatica. . . . . Black gum	*Blak gum* (Gommier noir, dénomination la plus en usage dans tous les Etats, au sud de la rivière Delaware. *Sour gum* (G. sûr), nom secondaire. *Yellow gum* (Gommier jaune), eut égard à la couleur du bois.
N. aquatica . . . . . Tupelo	*Tupelo*, nom donné à cet arbre dans les Etats de New-York et du N.-Jersey. *Sour gum* (Gommier sur), dénomination secondaire dans ces mêmes parties des Etats-Unis. *Peperidge*, fréquemment usitée par les Hollandais du New-Jersey.
Gymnocladus dioica . . . . Coffee tree.	*Coffee tree* (Arbre à café), seul nom donné à cet arbre dans les Etats de l'ouest. *Chicot*, par les Français du Canada.
Pinckneya pubens. Georgia bark . . .	*Georgia bark tree* (Quinquina de la Géorgie), nom donné par moi à cet arbre, qui n'en a aucun dans le pays.
Cupressus disticha. Cypress.	*Cypress*, dénomination générale dans tous les Etats-Unis. *Bald cypress* (Cyprès chauve), nom moins usité. *Black* and *White cypress* (Cyprès noir *et* Cyprès blanc), eu égard à la qualité et à la couleur du bois.

Noms botaniques et américains.	Noms vulgaires employés dans les diverses parties des Etats-Unis.
Cupressus thyoides. . . . . *White cedar.* . . .	*White cedar* (Cèdre blanc), seule dénomination dans les Etats de New-York, du New-Jersey, de la Delaware et de la Pensylvanie. *Juniper* (Genévrier), dans les Etats de Maryland, de Virginie et de la Caroline du nord.
Thuya occidentalis. *Arbor vitæ.* . . .	*Arbor vitæ,* dénomination secondaire dans le district de Maine, mais qui doit être préférée. *White cedar*, nom plus en usage dans le district de Maine, l'Etat de Vermont, et la partie la plus reculée du New-Hampshire. *Cèdre blanc*, par les Français du Canada.
Larix americana. . *American larch.* .	*American larch* (Mélèze d'Amérique), dénomination générale dans toutes les parties des Etats-Unis où se trouve cet arbre. *Hacmatack*, plus usitée dans les Etats du nord et le district de Maine. *Tamarack*, par les Hollandais du New-Jersey.
Juniperus virginiana. . . . . *Red cedar.*	*Red Cedar* (Cèdre rouge) seul nom donné à cet arbre dans toutes les parties des Etats-Unis où il croît.
Olea americana. . . *Devil wood.* . . .	*Devil wood* (Bois du diable), nom donné à cet arbre sur la rivière Savanah, dans l'Etat de Géorgie.

Noms botaniques et américains.	Noms vulgaires employés dans les diverses parties des Etats Unis.
Carpinus ostrya . . *Iron wood.*	*Iron wood* (Bois de fer), seule dénomination dans tous les Etats, situés au sud de la rivière Hudson. *Lever wood* (Bois à levier), dans le district de Maine et l'Etat de Vermont.
Carpinus americana *American horn-beam.*	*American horn beam* (Charme d'Amérique), seul nom donné à cet arbre dans toute l'étendue des Etats-Unis.
Hopea tinctoria. . . *Sweet leaves* . . .	*Sweet leaves* (Feuilles douces), seule dénomination en usage dans les Etats méridionaux.
Malus coronaria. . *Crab apple.*	*Crab apple* (Pommier sauvage), nom donné à cet arbre dans tous les Etats du milieu.
Mespilus arborea. . *June berry.*	*June berry*, nom donné à cet arbre dans tous les Etats du milieu. *Wild pear* (poirier sauvage), dans le district de Maine.
Magnolia grandiflora. . . . . *The large magnolia.*	*The Large magnolia* (le Grand Magnolia), dénomination la plus en usage parmi les habitans des villes des Etats méridionaux. *Big laurel* (Grand Laurier), plus usitée dans les campagnes. *Laurier tulipier*, par les Français de la basse Louisiane.

Noms botaniques et américains.	Noms vulgaires employés dans les diverses parties des Etats-Unis.
Magnolia glauca . . *The small magno-lia.*	*Small magnolia* (Petit magnolia ou seulement magnolia), nom donné par beaucoup de personnes, à cet arbre à New-York et à Philadelphie, ainsi que dans la partie du New-Jersey qui avoisine ces deux villes. *Swamp sassafras* (Sassafras des swamps ou marais), nom secondaire à une certaine distance de ces deux villes. *Sweet bay*, *White bay* et *swamp's laurel*, noms plus en usage dans la partie maritime des Etats méridionaux. *Beaver wood* (Bois de Castor), nom tombé en désuétude, autrefois en usage dans le New-Jersey.
M. acuminata. . . . *The magnolia cu-cumber tree.* . .	*Cucumber tree* (Arbre à Concombre), seule dénomination dans tous les Etats de l'ouest, ainsi que sur la chaîne des monts Alléghanys.
M. cordata. . . . . . *The heart leaved magnolia*	*The heart leaved magnolia* (Magnolia à feuilles en cœur), nom donné par moi à cette espèce qui croît dans la Haute-Géorgie et qui y est confondue avec la précédente.
M. tripetala. . . . . *The umbrella tree.*	*The umbrella tree* (Arbre parasol), seule dénomination donnée à cet arbre dans les Etats du milieu et du sud.
M. auriculata. . . . *The ear leaved magnolia.*	*The ear leaved magnolia* (Magnolia à feuilles auriculées), *Indian phisic*, dénomination plus usitée par les habitans des montagnes de la

Noms botaniques et américains.	Noms vulgaires employés dans les diverses parties des Etats-Unis.
M. auriculata. . . . *The ear leaved magnolia.* . . .	Caroline du nord et de la Virginie, mais moins convenable. *Long leaved cucumber tree* (Arbre à concombre à longues feuilles), secondairement en usage dans les mêmes contrées.
M. macrophylla. . . *Large leaved magnolia.*	*Large leaved magnolia* (Magnolia à grandes feuilles), nom donné par moi à cette espèce qui est confondue avec la précédente.
Fraxinus americana *White ash.*	*White ash* (Frêne blanc), seule dénomination dans toutes les parties des Etats-Unis, où croît cet arbre.
Fraxinus tomentosa. . . . . . . *Red ash.*	*Red ash* (Frêne rouge), dénomination la plus générale dans tous les Etats du milieu, où cette espèce est la plus abondante.
F. viridis. . . . . . *Green ash.*	*Green ash* (Frêne vert), nom donné par moi à cette espèce, qui n'en a aucun dans le pays où elle croît.
F. quadrangulata. . *Blue ash.*	*Blue ash* (Frêne bleu), seule dénomination dans les Etats de Kentucky et de Ténnessée.
Fraxinus sambucifolia. . . . . . . *Black ash.*	*Black ash* (Frêne noir), dénomination la plus générale dans les Etats du nord et du milieu. *Water ash*, nom secondaire dans cette même partie des Etats-Unis.

Noms botaniques et américains.	Noms vulgaires employés dans les diverses parties des Etats-Unis.
F. platicarpa. . . . Carolinian ash. .	*Carolinian ash* (Frêne de la Caroline), nom donné par moi à cette espèce, qui n'en a aucun dans le midi des Etats-Unis.
Gordonia lasyanthus. . . . . Loblolly bay. . . .	*Loblolly bay*, seule dénomination dans la partie basse des Etats méridionaux.
G. pubescens. . . . Franklinia.	*Franklinia*, nom donné à cet arbre par W. Bartram, en l'honneur du docteur Francklin.
Cornus florida . . . Dog wood	*Dog wood* (Bois de chien), seul nom donné à cet arbre dans tous les Etats-Unis. *Bois de flèche bâtard*, par les Français de la haute Louisiane.
Rhododendron maximum . . . . . . Swamp laurel. . .	*Swamp laurel* (Laurier des swamps ou marais), sur les monts Alléghanys où cet arbre est le plus abondant.
Kalmia latifolia. . . Mountain laurel.	*Mountain laurel* (Laurier de montagne), dénomination la plus générale sur la chaîne des monts Alléghanys. *Sheep laurel* (Laurier à mouton), nom secondaire dans les mêmes endroits. *Callicoe tree*, dans quelques parties des Etats méridionaux, et notamment sur la rivière Savanah.
Cerasus virginiana. Wild cherry . . .	*Wild cherry* (Cerisier sauvage), seul nom donné à cet arbre dans toutes les parties des Etats-Unis où il croît.

Noms botaniques et américains.	Noms vulgaires employés dans les diverses parties des Etats-Unis.
Cerasus caroliniana. *Wild orange* . . .	*Wild orange* (Orange sauvage), seul nom donné à cet arbre dans la partie maritime des Etats méridionaux.
Cerasus borealis . . *Red cherry*	*Red cherry* (Cerisier à fruit rouge), dénomination moins usitée que celle de *small cherry* (petit cerisier), mais plus convenable.
Annona triloba . . *Papaw*	*Papaw*, seul nom donné dans les Etats du milieu et de l'ouest, (*assiminler*) par les Français de la haute Louisiane.
Gleditsia 3-acan- thos. . . . . . . *Honey locust*. . .	*Honey locust* (Fevier à miel), connu sous ce seul nom dans toutes les parties des Etats-Unis où croît cet arbre.
G. monosperma . . *Swamps locust* . .	*Swamp locust* (Fevier des swamps ou marais), dans la partie maritime des Etats méridionaux. *Water locust* (Locust aquatique), nom secondaire dans cette même partie des Etats du midi.
Laurus sassafras. . . *Sassafras*	*Sassafras*, seul nom donné à cet arbre dans tous les Etats-Unis.
L. caroliniensis. . . *Red bay*	*Red bay* (Laurier rouge), seul nom donné à cet arbre dans la partie maritime des Etats du midi.
Platanus occidenta- lis. . . . . *Button wood*. . .	*Button wood* (Bois à bouton), connu généralement sous cette dénomination dans tous les Etats-Unis, mais principalement en usage dans les Etats atlantiques.

Noms botaniques et américains.	Noms vulgaires employés dans les diverses parties des Etats-Unis.
Platanus occidenta-lis. . . . . Button wood . . .	*Plane* et *sycomore*, noms plus usités dans les Etats de l'ouest. *Water beech* (Hêtre d'eau), nom don-né à cet arbre dans quelques parties de l'Etat de Maryland et de la Virginie. *Cotonier*, par les Français de la haute Louisiane.
Liquidambar styra-ciflua. . . . . . Sweet gum.	*Sweet gum*, (Gommier doux), déno-mination générale et unique dans tous les Etats-Unis.
Lyriodendron tuli-pifera. . , ... Poplar or Tulip. tree.	*Poplar*, dénomination générale dans tous les Etats-Unis. *Tulip tree* (Tulipier), nom peu en usage. *Yellow* or *white poplar* (Peuplier jau-ne *ou* blanc), eu égard à la couleur du bois de cet arbre. *White wood* (Bois blanc), nom le plus en usage dans le Gennessée. *Bois jaune*, par les Français Illinois.
Bignonia catalpa. . Catalpa tree. . .	*Catalpa tree* (Arbre des Catawbaws, et par corruption Catalpa), dénomina-tion générale dans tous les Etats méri-dionaux.
Andromeda arbo-rea . . . . Sorel tree.	*Sorel tree* (Arbre à l'oseille), nom donné à cet arbre sur les monts Allé-ghanys, et dans les Etats du milieu.
Celtis occidentalis. Amer. nelle tree. .	*American nelle tree* (Micocoulier d'Amérique), dans tous les Etats-Unis.

Noms botaniques et américains.	Noms vulgaires employés dans les diverses parties des Etats-Unis.
Celtis crassifolia. *Hack berry tree.*	*Hack berry tree*, seul nom donné à cet arbre dans les Etats du Kentucky et de Tennessée. *Hoop ash* (Frêne à cercles), sur les bords de l'Ohio, en Pensylvanie et en Virginie. *Black elder* (Aune noir), dans cette même partie des Etats-Unis, mais moins en usage.
Morus rubra .... *Red mulbery.* . . .	*Red mulbery* (Mûrier rouge), seul nom donné à cet arbre dans tous les Etats-Unis.
Pavia lutea ..... *Buck eye.*	*Buck eye* (OEil de daim), seul nom donné à cet arbre sur les monts Alléghanys et dans les Etats de l'ouest.
Esculus ohioensis. . *Ohio buck eye* . . .	*Ohio buck eye* (OEil de daim, de l'Ohio), nom donné par moi à cet arbre, qui est confondu avec l'espèce précédente.
Robinia pseudo-acacia .... *Locust*	*Locust* (Robinier ou Acacia), dénomination générale dans tous les Etats-Unis. *Yellow locust* (Acacia jaune), *Red locust* (Acacia rouge), *Black locust* (Acacia noir), Noms donnés à cet arbre sur les bords de la rivière Susquehannah, eu égard à la couleur de son bois.
R. viscosa. ..... *Rose flowering locust.*	*Rose flowering locust* (Acacia à fleurs roses), nom donné par moi à cette espèce qui n'en a pas dans le pays des Chérokées, où elle croît.

Noms botaniques et américains.	Noms vulgaires employés dans les diverses parties des Etats-Unis.
Virgilia lutea. . . . *Yellow wood.* . .	*Yellow wood* (Bois jaune), nom donné à cet arbre, dans l'Etat de Tennessée.
Ulmus americana. . *White elm.*	*White elm* (Orme blanc), dénomination générale dans toutes les parties des Etats-Unis où croît cet arbre.
Ulmus alata. . . . . *Wahoo*	*Wahoo*, nom donné à cette espèce dans la partie maritime des Etats du midi.
Ulmus rubra . . . . *Red elm.*	*Red elm* (Orme rouge), nom le plus généralement en usage, dans toutes les parties des Etats-Unis où se trouve cette espèce. *Slipery elm*, nom secondaire dans les Etats de New-York et de New-Jersey. *Moose elm* (Orme d'Elan), dans le haut de l'Etat de New-York. *Orme gras*, par les Français des Illinois.
Planera ulmifolia. . *Planer tree.*	*Planer tree*, nom de la personne à laquelle cette espèce a été consacrée, et qui jusqu'à présent n'en avoit pas encore reçu dans les Etats du midi.
Populus tremuloïdes. . . . . . . *American aspen.* .	*American aspen* (Tremble d'Amérique), nom donné à cet arbre dans les Etats du milieu et du nord.
Populus grandidentata. . . . . *American large aspen.*	*American large aspen* (grand Tremble d'Amérique), nom donné par moi à cette espèce qui est ordinairement confondue avec la précédente.

Noms botaniques et américains.	Noms vulgaires employés dans les diverses parties des Etats-Unis.
Populus argentea. . *Cotton tree.*	*Cotton tree* (Arbre à coton), connu par ce nom, sur les bords la rivière de Savanah.
Populus hudsonica. *American black-poplar.*	*American black poplar* (Peuplier noir d'Amérique), nom donné par moi à cette espèce de peuplier, qui, jusqu'ici n'a été connu sous aucune dénomination particulière.
Populus monilifera. *Virginian poplar.*	*Virginian poplar* (Peuplier de Virginie), nom donné en Europe à cette espèce.
Populus canadensis. *Cotton wood* . . .	*Cotton wood* (Bois à coton), nom donné à cet arbre sur les bords du Mississipi et de ses affluens.
Populus angulata. . *Carolonian poplar*	*Carolinian poplar* (Peuplier de Caroline), nom donné à cet arbre en Europe, parce qu'il y a été apporté primitivement de cette partie des Etats-Unis.
Populus balsamifera *Balsam poplar* . .	*Balsam poplar* (Peuplier baumier), connu sous ce nom en Canada.
Populus candicans. *Heart leaved balsam poplar.* . .	*Heart leaved balsam poplar* (Baumier à feuilles en cœur).
Tilia americana. . . *Bass wood*	*Bass wood* (Tilleul), dénomination qui prévaut dans tous les Etats du nord et du milieu, et notamment dans le Gennessée. *Lime*, non moins en usage.
Tilia alba. . . . . . *White lime*	*White lime* (Tilleul blanc), cette espèce, sur les bords de l'Ohio, est confondue par les habitans avec la précédente.

Noms botaniques et américains.	Noms vulgaires employés dans les diverses parties des Etats-Unis.
Tilia pubescens . . *Dwony lime tree.* .	*Dwony lime tree* (Tilleul à feuilles velues), ainsi désigné dans les Etats méridionaux.
Alnus serrulata. . . *Common alder* . .	*Common alder* (Aulne commun), dans tous les Etats-Unis.
Alnus glauca . . . . *Black alder*	*Black alder* (Aulne noir), nom donné à cette espèce dans l'Etat de Vermont.
Salix nigra . . . . . *Black willow* . . .	*Black willow* (Saule noir), dénomination générale dans tous les Etats-Unis.
Salix ligustrina. . *Champlain willow*	*Champlain willow* (Saule du lac Champlain), nom donné par moi à cette espèce qui se trouve très-abondamment sur les bords de ce lac.
Salix lucida. . . . . *Shining willow* . .	*Shining willow* (Saule luisant), nom donné par moi à cette espèce qui n'en a aucun dans les Etats du milieu.

LES PINS.

Les Pins, arbres toujours verts et ordinairement d'une grande élévation, sont un des genres les plus intéressans à connoître, à cause des grandes ressources qu'ils offrent dans les arts, non-seulement pour leurs bois, mais encore pour les matières résineuses qu'ils fournissent. La différence la plus apparente entre les Pins et les Sapins consiste dans la disposition de leur feuillage. Les feuilles des Pins, plus ou moins longues, selon les espèces, et comparables en quelque sorte à de petits bouts de gros fil, sont réunies par leur base au nombre de deux, trois ou cinq, dans la même gaîne et au même point d'attache. Dans les Sapins au contraire, les feuilles n'ont que quelques lignes de longueur, et sont attachées une à une autour des branches, ou seulement à leurs côtés latéraux.

Pour rendre plus facile la distinction des espèces de Pins et de Sapins qui sont plus nombreuses dans les Etats-Unis que dans l'Europe entière, j'ai pensé qu'il étoit à propos de ranger les premiers d'après le nombre de leurs feuilles, et suivant que leurs cônes sont ou ne sont pas épineux ; et les Sapins suivant les différentes dispositions de leurs feuilles.

DISPOSITION MÉTHODIQUE
DES PINS ET DES SAPINS
DE L'AMÉRIQUE SEPTENTRIONALE.

PINS.

Monœcie Monadelphie, Lin. *Fam. des Conifères*, Juss.

PINS A DEUX FEUILLES.

CÔNES NON ÉPINEUX.

1 Pinus rubra. . . . . *The Red (Norway) pine.*

2 Pinus rupestris. . . *The Grey pine.*

3 Pinus mitis. . . . . . *The Yellow pine.*

CÔNES ÉPINEUX.

4 Pinus inops.. . . . . *The Jersey pine.*

5 Pinus pungens.. . . *The Table mountain pine.*

PINS A TROIS FEUILLES.

CÔNES NON ÉPINEUX OU A ÉPINES PEU SENSIBLES.

6 Pinus australis. . . . *The Long leaved pine.*

7 Pinus serotina. . . . *The Pond pine.*

CÔNES FORTEMENT ÉPINEUX.

8 Pinus rigida. . . . . *The Pitch pine.*

9 Pinus tæda. . . . . . *The Loblolly pine.*

PIN A CINQ FEUILLES.

10 Pinus strobus. . . . *The White pine.*

SAPINS.

FEUILLES TRÈS-COURTES ET DISPOSÉES UNE A UNE AUTOUR DES TIGES.

11 Abies nigra. . . . . *The Black (double) spruce.*

12 Abies alba. . . . . . *The White (single) spruce.*

FEUILLES DISPOSÉES LATÉRALEMENT SUR LES CÔTÉS DES TIGES OU DES BRANCHES.

13 Abies canadensis. . *The Hemlock spruce.*

14 Abies balsamifera.. *The Sylver fir.*

Red Pine.
Pinus rubra

PINUS *RUBRA*.

THE RED PINE.
(*Norway pine.*)

Pinus *rubra, arbor maxima; cortice rubente; foliis binis
4-5-uncialibus, vaginis ferè uncialibus: strobilis ovato-
conicis , basi rotundatis , folio demidio - brevioribus,
squamis medio dilatatis , inermibus.*

P. resinosa; Aɪᴛ. *Hort. K^{ir}.*

Cᴇᴛ arbre est connu par tous les François du Canada
sous le nom de *Pin rouge*, nom que lui ont conservé
les Anglois qui sont venus habiter cette colonie. Dans
la partie la plus septentrionale des Etats - Unis , qui
comprend le District de Maine, le New-Hampshire
et l'Etat de Vermont, il est désigné sous celui de
Norway pine, Pin de Norwège, quoi qu'il en diffère
totalement, puisque ce dernier est l'*Abies picea*, espèce de Sapin qui croît en Europe. Il seroit donc à
désirer que le nom de *Red pine*, Pin rouge, prévalût
dans les Etats-Unis, d'autant plus qu'il est fondé sur
un caractère particulier à cet arbre, comme nous le
ferons remarquer dans la suite de cet article.

Dans le voyage que mon père fit à la Baie d'Hudson en 1792, pour essayer de déterminer en revenant
du Nord au Sud l'apparition et la disparition successive des arbres et des plantes de l'Amérique septentrionale, il ne commença à trouver le *Pinus rubra*
que près le Lac Saint-Jean en Canada, situé par le
48° de latitude, et vers le Sud il n'a pas été observé
par moi, au - delà de Wilkesburry en Pensylvanie,
latitude 41° 3o'. Le *Pinus rubra* est même très-rare

dans toutes les contrées qui sont au midi de la rivière Hudson ; on le voit encore à la Nouvelle-Ecosse, où il reçoit, ainsi qu'au Canada, le nom de *Pin rouge* et quelquefois celui de *Pin jaune*. Makenzie, dans son voyage à l'Océan pacifique, fait aussi mention de cet arbre, comme se trouvant au-delà du Lac supérieur.

Dans aucune des parties des Etats-Unis que je viens d'indiquer, je n'ai jamais vu le *Pinus rubra* former de vastes forêts, ni même entrer en grandes proportions dans leur ensemble, comme l'*Abies nigra*, l'*Abies Canadensis* et le *Pinus strobus* ; mais il couvre seulement de petits cantons de quelques centaines d'arpens, où il est ordinairement seul ou quelquefois entremêlé avec ce dernier. Comme la plupart des autres espèces de ce genre, le *Pinus rubra* vient dans des terreins arides et sablonneux, et sa végétation n'en est pas moins magnifique, car il s'élève de 22 à 25 mètres (70 à 80 pieds) sur 50 à 60 centimètres (20 à 24 pouces) de diamètre ; et ce qui rend surtout cet arbre remarquable, c'est la grosseur uniforme de sa tige dans les deux tiers de son élévation.

Le nom de *Pin rouge* qu'il porte en Canada lui vient sans doute de la couleur de son écorce, qui est d'un rouge plus prononcé que dans aucune autre espèce de Pins des Etats-Unis ; cette couleur m'a paru être pour celle-ci, un caractère assez saillant pour lui donner le nom spécifique de *rubra*, de préférence à celui de *resinosa*, employé d'abord par Aiton, et adopté par *Sir* A. B. Lambert. Une

autre considération m'a encore induit à ce change-
ment, c'est que beaucoup de personnes croiroient,
ce qui seroit une erreur, que c'est de cet arbre qu'on
extrait les matières résineuses qui sont employées
en Amérique dans les constructions navales, et exportées pour le même objet.

Les feuilles du *Pinus rubra* sont d'un vert sombre,
longues de 13 à 14 centimètres (5 à 6 pouces), et
réunies deux à deux; elles sont rassemblées en paquets à l'extrémité des branches, comme dans le
Pinus australis ou le *Pinus maritima* , et non
éparses sur les rameaux, comme dans le *Pinus sylvestris* ou le *Pinus inops*. Les fleurs femelles du
Pinus rubra sont bleuâtres dans les premiers mois
de leur apparition , et ses cônes, qui sont dépour-
vus d'épines, ont environ 3 centimètres (2 pouces)
de longueur; ils sont arrondis à leur base, se termi-
nent promptement en pointe, et laissent échapper
leur semence la même année.

Les couches concentriques sont très-rapprochées
dans le *Pinus rubra*, et son bois travaillé présente
un grain fin , serré et compacte; il est même assez
pesant, à cause de la matière résineuse dont il se
trouve imprégné. Dans le Canada , la Nouvelle-
Ecosse et le District de Maine , il est fort estimé
pour sa grande force et l'avantage qu'il a d'être durable; aussi l'emploie-t-on souvent dans les constructions navales, et particulièrement pour le pont
des vaisseaux, parce qu'il peut fournir des planches
de 12 à 13 mètres (40 pieds) de longueur sans au-

cun nœud. On en fait aussi les corps de pompes, qui durent long-temps lorsqu'on a soin d'ôter tout l'aubier. C'est de cette espèce de Pin qu'a été fait le grand mât du vaisseau de guerre *le Saint-Laurent*, de 50 canons, construit à Quebec par les François ; cet exemple confirme l'observation déjà faite plus haut, que cet arbre parvient à une grande élévation.

Du Canada, du District du Maine et des bords du lac Champlain, le *Pinus rubra* est exporté en Angleterre, sous la forme de madriers. Cependant j'ai appris que, dans ces derniers temps, l'exportation en étoit fort diminuée, parce qu'on l'a, dit-on, trouvé trop chargé d'aubier ; défaut qui ne me paroît pas fondé, car sur plusieurs tronçons de 32 centimètres (1 pied) de diamètre que j'ai examinés, il n'y avoit que 2 centimètres (1 pouce) d'aubier.

Le *Pinus rubra* est, dans sa jeunesse, d'une belle apparence, et sa végétation m'a toujours parue vigoureuse. Il n'y a aucun doute qu'il ne puisse très-bien réussir en France et dans tout le nord de l'Europe ; et je pense que les bonnes qualités de son bois, propre aux constructions navales, ainsi que les matières résineuses qu'il est susceptible de fournir, doivent engager à en propager la culture. Je suis donc loin de partager à cet égard, l'opinion de *Sir* A. B. Lambert qui dit, dans sa description de cet arbre, qu'il ne peut donner des bois de bonne qualité.

PLANCHE Iʳᵉ.

Fig. 1, feuille. Fig. 2, graine.

Grey Pine
Pinus rupestris.

PINUS *RUPESTRIS.*

THE GREY PINE.

Pinus *rupestris, arbor humilis; foliis binis, rigidis , uncialibus; strobilis cinereis , recurvis, insigniter incur-
vato-tortis , squamis inermibus , ramulo adpressis.*

P. Banksiana ; A. B Lambert.

Cette espèce fort rare dans le District du Maine
et à la Nouvelle-Ecosse, y est connue sous le nom
de *scrub Pine*, Pin chétif; et dans le Bas-Canada,
sous celui de *Grey pine*, Pin gris. C'est de tous les
Pins de l'Amérique septentrionale , celui qui se
trouve le plus avant vers le nord. Je crois ne pouvoir mieux faire connoître cette espèce, qu'en rap-
portant un extrait des notes de mon père sur le Canada : « Aux environs de la baie d'Hudson et des
grands lacs Mistassins, dit-il, les arbres qui, quelques degrés plus au sud, forment la masse des forêts , sont sous cette latitude presque entièrement
disparus, et par la sévérité des hivers, et par la stérilité du sol : toutes ces contrées sont entrecoupées de
milliers de lacs, et couvertes d'énormes rochers en-
tassés les uns sur les autres, qui sont le plus souvent
tapissés de larges lichens de couleur noire ; ce qui
ajoute encore à l'aspect sombre et lugubre de ces
régions désertes et presque inhabitables. C'est, con-
tinue mon père, en parlant du *Pinus rupestris,* dans
les intervalles de ces rochers que l'on aperçoit çà et
là quelques individus de cette espèce de Pins, qui

fructifient à un mètre (3 pièds) d'élévation, et qui,
à ce peu de hauteur, portent avec eux toute l'em-
preinte de la décrépitude. Cependant à 15o milles
plus au sud, cet arbre offre déjà une végétation
plus forte ; mais il ne s'élève presque jamais au-dessus
de deux à trois mètres (8 à 10 pieds), et dans la
Nouvelle - Ecosse, où il est également confiné au
sommet des rochers, il parvient rarement à une plus
grande élévation.

Les feuilles du *Pinus rupestris*, réunies deux à
deux dans la même gaîne, sont disséminées le long
des rameaux, et non rassemblées en paquets à leur
extrémité, comme dans l'espèce précédente. Leur
longueur est d'environ deux centimètres (1 pouce);
elles sont sans gouttières à leur face interne et arrondies extérieurement. Les cônes sont le plus souvent
réunis deux à deux ; leur couleur cendrée ou grise
paroît être l'origine du nom de Pin gris que nous
avons dit que cet arbre porte en Canada ; leur longueur est d'environ cinq centimètres (2 pouces), et
leur pointe est toujours tournée dans la direction
des branches, caractère particulier à cette espèce.
Mais ce qui surtout rend ces cônes remarquables,
c'est la forme courbe qu'ils prennent naturellement,
et qui les fait ressembler à de petites cornes de
béliers ; ils sont extrêmement durs, dégarnis de
pointes, et ne s'ouvrent qu'à la deuxième et à la
troisième année, pour laisser échapper leurs graines.

Dans les rhumes opiniâtres, les François - Cana-
diens font bouillir ces cônes dans l'eau, et en font

une tisane, qui les guérit promptement. Si cette propriété dont on dit que jouissent également ceux de l'*Abies nigra*, est avérée, elle renfermera, selon moi, tout ce qu'on peut espérer d'avantageux de cet arbre trop chétif, pour qu'on puisse tirer parti de son bois de quelque manière que ce soit; et cette même raison m'empêche de croire, comme le pense *Sir* A. B. Lambert, qu'on puisse jamais en extraire de la thérébentine ou du goudron pour le commerce, quelque résineux qu'il puisse être.

PLANCHE II.

Fig. 1 , feuille. Fig. 2 , graine.

PINUS *MITIS.*

Pinus *mitis; arbor maxima, foliis, prælongis, tenuoribus, canaliculatis; strobilis parvis, sæpè solitariis, conoïdeo-ovatis, tessularum mucrone minutissimo.*

P. mitis, A. Mich. *Flor. B. Am*ᵃ.

Cet arbre, disséminé sur une grande surface de pays dans l'Amérique septentrionale, y reçoît différentes dénominations, suivant les endroits où il se trouve : dans les Etats du milieu, où il fort est abondant et très - employé , il est connu sous le nom de *Yellow pine*, Pin jaune; dans les Carolines et la Géorgie, sous celui de *Spruce pine*, Pin sapin; mais plus communément sous celui de *Short leaved pine*, Pin à courtes feuilles.

Quelques cantons des Etats de Massachussets et de Connecticut, sont les points les plus septentrionaux où cette espèce commence à se montrer; mais elle est déjà très-multipliée dans le Bas-Jersey, et elle l'est encore davantage dans cette partie du Maryland nommée *Eastern-Shore*, ainsi que dans toute la Basse-Virginie, où sa présence est un signe certain de l'aridité du sol. J'ai encore retrouvé cet arbre sur la rive droite de la rivière Hudson, à peu de distance d'Albany; près de Chambersburgh, dans la Pensylvanie; vers les sources de la rivière Delaware; près de Mudlick en Kentucky ; sur les montagnes de Cumberland, et aux environs de Knoxville, dans l'est

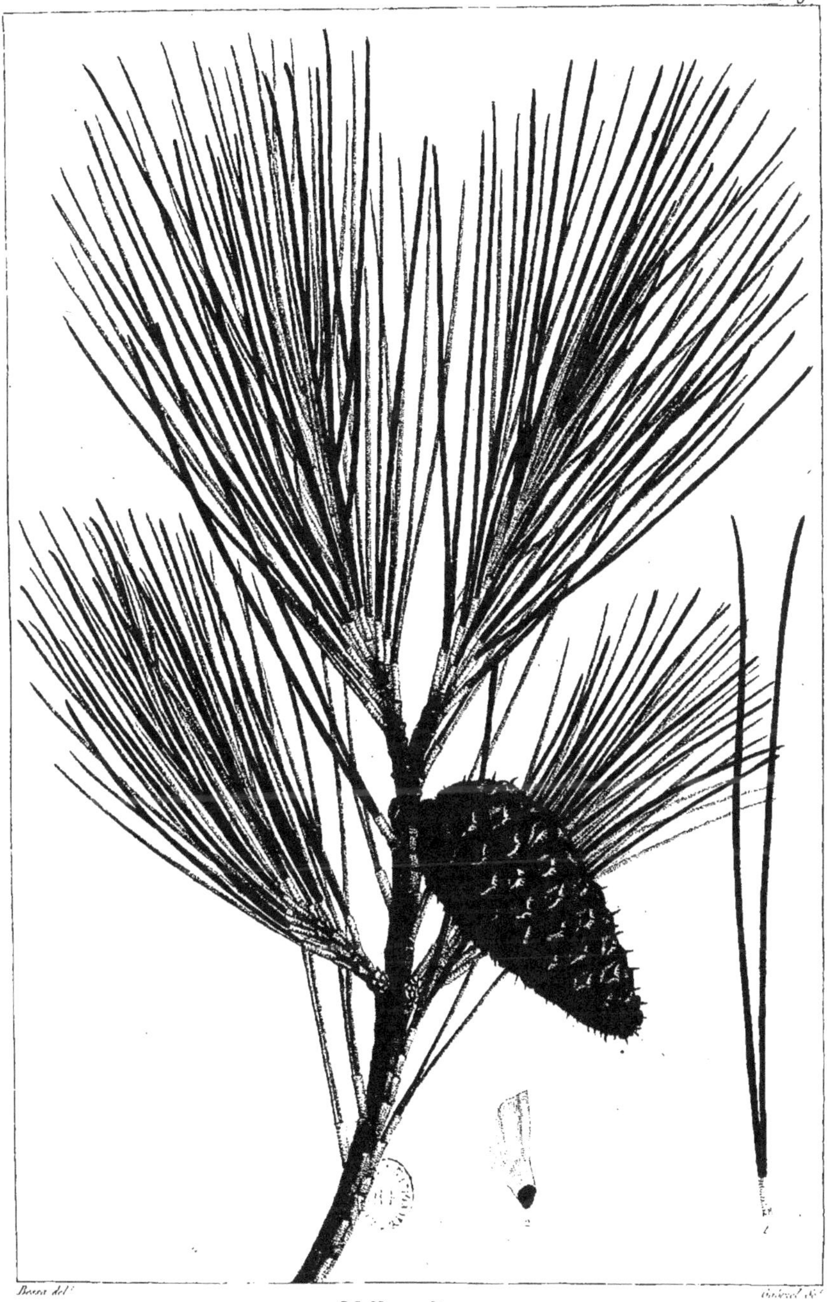

Bessa del.

Gabriel Sc.

Yellow Pine.

Pinus mitis.

Tennessée; près de Edgefield Court-House; dans la Haute-Caroline du sud; enfin dans la Haute-Géorgie, sur la rivière Oconée. Dans tous ces lieux, il ne croît point seul, mais il entre dans la composition des forêts en différentes proportions, qui varient suivant la nature du sol : moins il est bon, plus le *Pinus mitis* abonde; et s'il offre un certain degré de fertilité, on s'en aperçoit aisément à l'aspect florissant des diverses espèces de chênes et de noyers avec lesquels le *Pinus mitis* est mêlé, en moindre quantité, mais qu'il surpasse toujours en grosseur et en élévation. On rencontre encore parfois cet arbre dans les Basses-Carolines, dans les Florides, et probablement aussi à la Louisiane; mais il est plus rare dans ces contrées, car on ne l'observe que dans les endroits où des bancs d'argile de couleur rouge, mêlés de graviers, paroissent à fleur de terre, et percent de distance à autre la couche sablonneuse et légère qui couvre le sol de ces Etats, depuis les bords de la mer jusqu'à cent vingt milles dans l'intérieur.

Cet arbre est d'une belle apparence lorsqu'il est arrivé à son entier développement; il la doit à la disposition de ses branches qui s'éloignent d'autant moins les unes des autres qu'elles sont plus élevées, et qui, se reployant latéralement sur elles-mêmes, finissent par présenter un sommet pyramidal très-régulier. Cette circonstance fait que la cime de cet arbre n'embrasse pas un espace aussi considérable que sembleroit l'annoncer sa hauteur et son diamètre, et c'est probablement de cette disposition, parfaitement

régulière dans les grands individus de cette espèce,
que lui est venu le nom de *Spruce pine*, Pin sapin.

Dans le New-Jersey et sur le Eastern-Shone, la
hauteur de cet arbre est de 18 à 20 mètres (50 à 60
pieds), et son diamètre est le plus ordinairement de
2 à 3 décimètres (15 à 18 pouces), conservant cette
dernière dimension dans les deux tiers de sa tige.
Mais dans les Hautes-Carolines et la Virginie, on
trouve des individus qui, sans être beaucoup plus
élevés, ont le double de grosseur. J'en ai souvent
mesuré qui avoient 19 à 20 décimètres (5 et 6 pieds)
de circonférence.

Les feuilles du *Pinus mitis* sont longues de 12 à
15 centimètres (4 à 5 pouces), fines, flexibles et
creusées d'une gouttière à leur face externe; elles
sont d'un vert sombre, et réunies deux à deux dans
une seule gaîne. Souvent encore elles sont au nombre de trois dans les pousses de l'année; mais c'est
un effet de la force de la végétation, qu'on n'observe
jamais dans les vieilles branches. Cette espèce n'est
donc pas un Pin à deux à trois feuilles, comme on l'a
avancé, et c'est à tort qu'on lui a donné le nom de
Pinus variabilis.

Les cônes du *Pinus mitis* ont une forme ovale,
et sont armés de pointes fines; ils sont plus petits
que ceux des autres espèces de Pins des Etats-Unis,
car ils n'excèdent pas 2 à 3 centimètres (1 pouce et
demi) de longueur, dans les vieux arbres. Ils laissent échapper leurs graines dans la même année.

Dans le *Pinus mitis* les couches concentriques ou

annuelles sont fort rapprochées les unes des autres ;
elles le sont six fois plus que dans les *Pinus rigida*
ou le *Pinus tœda.* Il est aussi beaucoup moins chargé
d'aubier, dont l'épaisseur n'exède pas cinq à six centimètres (2 pouces à 2 pouces et demi) dans les arbres
qui ont 30 à 40 centimètres (15 à 18 pouces) de diamètre, et il est encore moindre dans ceux qui ont une
dimension plus grande. Le bois du *Pinus mitis* a
le grain fin et il est médiocrement résineux, ce qui
le rend assez compacte sans lui donner trop de pesanteur. Une longue expérience a appris qu'il est
d'une bonne qualité et très-durable.

A New-York, Philadelphie, Baltimore, Washington, ainsi que dans les petites villes de la partie maritime des Etats du centre, notamment en Virginie,
jusqu'à cent cinquante milles de la mer, les quatre-
cinquièmes des maisons sont encore toutes bâties en
bois ; et c'est toujours avec des planches tirées de
cette espèce de Pin que sont faits les planchers des
rez-de-chaussées et des étages supérieurs, les marches
des escaliers, les encadremens des portes et des boiseries, ainsi que les chassis des fenêtres, considérés
alors comme plus solides et plus durables que s'ils
étoient faits avec tout autre bois du pays. Dans les
Hautes-Carolines et le Holston, les maisons sont entièrement construites et mêmes couvertes avec le *Pinus mitis*, car ni le *Cupressus disticha*, ni le *Cupressus thuoides*, très-préférable pour la couverture, ne
croissent pas dans ces contrées ; mais dans quelque
construction que ce soit, il est important de débar-

rasser entièrement le *Pinus mitis* de son aubier, qui se pourrit très-promptement, attention qu'on n'a pas toujours, afin de gagner de la largeur sur les planches, et surtout dans le voisinage des ports de mer, où il commence à devenir rare, par la grande consommation qui s'en fait journellement.

Les constructions navales, particulièrement dans les ports de Philadelphie, de New-York et de Baltimore, en consomment une très-grande quantité : le pont, les mâts de hunes, les *beams* et la menuiserie de la cabane, sont le plus souvent de ce bois, qui est reconnu pour être le plus durable, après celui du *Pinus australis*. Le *Pinus mitis* qui vient du bas Jersey et du Eastern-Shore est de meilleure qualité, et on le préfère toujours à celui qui descend du haut de la rivière Delaware, dont le bois n'est pas aussi compacte et aussi fort, en même-temps que le grain en est plus grossier; différence qui provient évidedemment de la nature du sol de ces derniers pays, qui est moins aride et moins mauvais.

Le *Pinus mitis* débité en madriers ou en planches de 2 à 4 centimètres (1 à 2 $\frac{1}{4}$ pouces) d'épaisseur, forme un article considérable d'exportation pour les colonies occidentales et l'Angleterre. Dans les prix courans de Liverpool, il est désigné sous le nom de *New-York Pine;* dans ceux de la Jamaïque, sous celui de *Yellow Pine;* et dans ces deux places, il est toujours vendu à un prix inférieur à celui du *Pinus australis* des Etats méridionaux, mais à un taux plus élevé que celui du *Pinus strobus*.

Quoique cet arbre soit assez résineux pour donner de la thérébentine et du goudron, néanmoins on ne l'exploite pas sous ce rapport, ce qui entraîneroit un travail long et difficile, parce que, comme nous l'avons remarqué, le *Pinus mitis* est toujours mêlé avec les autres arbres dans les forêts. Mais d'après les différens avantages que présente son bois, il est incontestablement, après le *Pinus rubra*, l'espèce la plus intéressante à cultiver dans le milieu et le nord de l'Europe. Je ne puis donc partager l'opinion de *Sir* A. B. Lambert, qui commence sa description latine par ces mots : *Arbor mediocris*, etc., et qui ajoute ensuite « que cet arbre ne s'élève qu'à vingt ou trente pieds, que son bois est spongieux et de peu de durée ; ce qui le rend impropre à la bâtisse des maisons ».

PLANCHE III.

Fig. 1, *feuille. Fig.* 2, *graine.*

PINUS *INOPS*

THE JERSEY PINE

P ɪ ɴ ᴜ s *inops ; arbor mediocris, ramosa ; foliis binis,
brevis ; strobilis ovato-acuminatis, solitariis, fuscis,
mucronibus tessularum rigidis, deorsum sub - incli-
natis.*

> Oᴮˢ. *Truncus et ramuli obscure et squalide fusci.*
> P. *inops*, Linn.

Cᴇᴛᴛᴇ espèce a reçu probablement son nom de ce
qu'elle abonde dans la partie basse du New-Jersey,
où le sol est maigre et sablonneux, et où elle se
trouve souvent mêlée avec le *Pinus mitis ;* cependant le *Pinus inops* n'est pas exclusivement confiné
à la partie méridionale de cet Etat, car je l'ai retrouvé
dans différentes parties du Maryland, de la Virginie
et du Kentucky; dans la Pensylvanie, au-delà de
Chambersburg; près de la rivière Juniata (*Crossing
Juniata*), et sur les Scruby ridges au-delà de Bedfort,
éloigné d'environ 200 milles de Philadelphie. Dans
cette partie de la Pensylvanie, cet arbre auquel on
donne le nom de *Scrub pine*, Pin chétif, reparoît partout où le sol est schisteux et par conséquent assez
maigre, ainsi que l'annonce la mauvaise apparence
des *Quercus coccinea*, *Quercus rubra*, *Quercus
tinctoria*, *Quercus alba* et *Quercus prinus monti-
cola*, avec lesquels il est mêlé. Je ne l'ai pas rencontré
vers le Nord, au-delà de la rivière Hudson, non plus
que dans les Carolines et la Géorgie.

Jersey Pine.
Pinus inops.

Cet arbre s'élève quelquefois de 12 à 14 mètres (30 à 40 pieds), sur un diamètre de 30 à 40 centimètres (12 à 15 pouces); mais il est rare d'en trouver de cette force, et il reste ordinairement au-dessous de ces dimensions. Son tronc, revêtu d'une écorce noirâtre, diminue sensiblement de grosseur depuis sa base jusqu'à son sommet, et il est garni de branches fort espacées dans la moitié de sa hauteur. Les feuilles du *Pinus inops* sont réunies deux à deux dans la même gaîne; elles sont d'un vert sombre, longues d'environ 2 à 3 centimètres (1 à 2 pouces), aplaties à leur face interne, roides et éparses le long des jeunes branches, qui sont très-flexibles et couvertes d'une écorce lisse, qui n'est point écailleuse comme dans les autres Pins. On observe encore que dans cette espèce, ainsi que dans celle précédemment décrite, le bois des jeunes pousses de l'année a une teinte violette; caractère qui leur est particulier.

Ses cônes, un peu plus grands que ceux du *Pinus mitis*, ont environ 5 centimètres (2 pouces) de long et 2 centimètres (1 pouce) de diamètre à leur base. Leur couleur est noirâtre ou d'un rouge brun. Ils sont armés de pointes fortes, longues, aiguës et recourbées en arrière, et sont attachées par des pédicules épais et courts : le plus souvent ils sont placés un à un sur les branches, la pointe dirigée vers la terre. Ils laissent échapper leur graines la même année de leur maturité.

Ce qui vient d'être dit prouve suffisamment, que cette espèce de Pin a des dimensions trop petites , pour pouvoir être employé utilement, sans parler du désavantage attaché à son bois d'être surchargé d'aubier; cependant le cœur est assez résineux pour que, dans les environs de Mudlick, dans l'Etat de Kentucky, on en retire une petite quantité de goudron, qui est consommée dans le pays. Je ne puis croire non plus, comme le pense *Sir* A. B. Lambert, que ses branches, quoique flexibles, puissent servir à faire des cerceaux; car ils seroient chargés de nœuds et pourriroient en moins de six mois. C'est à mon avis, après le *Pinus rupestris*, la plus mauvaise espèce de Pins des Etats-Unis.

PLANCHE IV.

Fig. 1 , *feuille. Fig.* 2 , *graine.*

Table Mountain Pine.
Pinus pungens.

PINUS *PUNGENS.*

THE TABLE MOUNTAIN PINE.

PINUS *pungens; arbor 45 - 5o pedalis , foliis binis , brevibus et crassis ; strobilis turbinatis , præmagnis , flavis squamis echinatis , spinis luteis durissimis et basi latioribus.*

P. pungens : A. B. Lambert, *on the Pine.*

LA montagne de la Table, l'une des plus élevées des Alléghanys, et située dans la Caroline septentrionale, à 400 kilomètres (100 lieues) de la mer, paroît avoir donné son nom à cette espèce de Pin qui couvre presque exclusivement son sommet, et qui est, au contraire, fort rare sur celles qui l'avoisinent. Le *Pinus pungens* ne se trouve pas non plus dans les autres parties des Etats-Unis, comme mon père et moi, qui avons visité ces régions dans presque toutes les directions, avons eu occasion de nous en assurer. Le *Pinus pungens* est de tous les arbres de l'Amérique septentrionale le seul qui soit resserré dans des limites aussi étroites. Il est même probable qu'il sera le premier à disparoître de ces contrées, car toutes les montagnes où on le trouve sont très-accessibles et elles se peuplent rapidement, parce que l'air y est sain, le sol généralement de bonne qualité, et de plus, que les forêts qui les couvrent sont fréquemment dévastées par des incendies.

Le *Pinus pungens* s'élève de douze à quatorze

mètres (40 à 50 pieds), sur un diamètre proportionné à cette hauteur. Ses bourgeons sont résineux ,
et ses feuilles , au nombre de deux dans la même
gaîne , sont épaisses, roides et longues d'environ cinq
à six centimètres (2 pouces et demi) ; ses cônes longs
de huit centimètres (3 pouces), et larges à leur base
de cinq centimètres (2 pouces), sont d'un jaune
clair et ont une forme très-régulière. Ils sont sessiles ,
et souvent réunis au nombre de quatre. Chaque écaille
est armée d'une forte pointe ligneuse , longue de
quatre millimètres (2 lignes), élargie à sa base et qui
se recourbe en avant.

Cet arbre dont le tronc est très-rameux, et qui,
comme on a vu, ne croît que dans une très - petite
étendue de pays, et à une grande distance dans l'intérieur des terres, ne sert à aucun usage particulier ;
seulement, les habitans des montagnes de la Caroline du nord emploient pour mettre sur les plaies, la
thérébentine qui en découle, soit accidentellement,
soit par une incision faite au corps de l'arbre, et ils
la préfèrent à celle que donnent tous les autres Pins.
J'ai comparé cette thérébentine avec celle du *Pinus
rigida*, et je ne leur ai trouvé aucune différence. Il
paroît même assez surprenant que toutes les espèces de Pins, si différentes entre elles, donnent des
produits résineux tellement analogues , qu'il est
souvent très - difficile de les distinguer par l'odeur
et la saveur.

Le *Pinus pungens* ne paroît donc pas présenter aucun objet particulier d'utilité, qui doive déterminer

à le cultiver en Europe, si ce n'est dans les jardins d'agrémens et de botanique.

Sir A. B. Lambert a donné à l'article du *Pinus tœda* une figure exacte du cône de cet arbre ; mais il a reconnu ensuite que ce cône appartenoit à une nouvelle espèce, à laquelle il a donné le nom spécifique de *Pungens*. Ce nom m'a paru convenable, et je l'ai adopté.

PLANCHE V.

Fig. 1 , *feuille. Fig.* 2 , *graine.*

PINUS *AUSTRALIS.*

THE LONG LEAVED PINE.

Pinus *australis; arbor maxima; foliis ternis, longissimis ; amentis masculis longo - cylindraceis , fusco-glaucis , divergentibus. Strobilis longissimè conoïdeis, tessularum tuberculo - tumido , mucrone minutissimo terminato.*

P. *palustris*, Linn.

Cet arbre précieux reçoit différentes dénominations, tant dans les pays où il croît, que dans ceux où il est exporté. Il est connu dans les premiers sous les noms de *Long leaved pine*, pin à longues feuilles; de *Yellow pine*, pin jaune; de *Pitch pine*, pin à goudron; et de *Broom pine*, pin à balais. Dans les Etats du Nord, où il est importé par la voie du commerce, sous ceux de *Southern pine*, pin du Sud, et quelquefois encore de *Red pine*, pin rouge; enfin en Angleterre et dans les colonies occidentales, sous celui de *Georgia pitch pine*, pin à goudron de Géorgie. Mais j'ai cru devoir lui conserver de préférence le nom de *Long leaved pine*, pin à longues feuilles; car, dans toute la partie de l'Amérique septentrionale située à l'est du Mississipi, on ne connoît aucun autre pin qui ait les feuilles aussi longues; et d'ailleurs les noms de *Yellow pine*, pin jaune, et de *Pitch pine*, pin à goudron, qui lui sont peut-être plus universellement donnés, servent dans les Etats du milieu à désigner deux autres espèces très-dis-

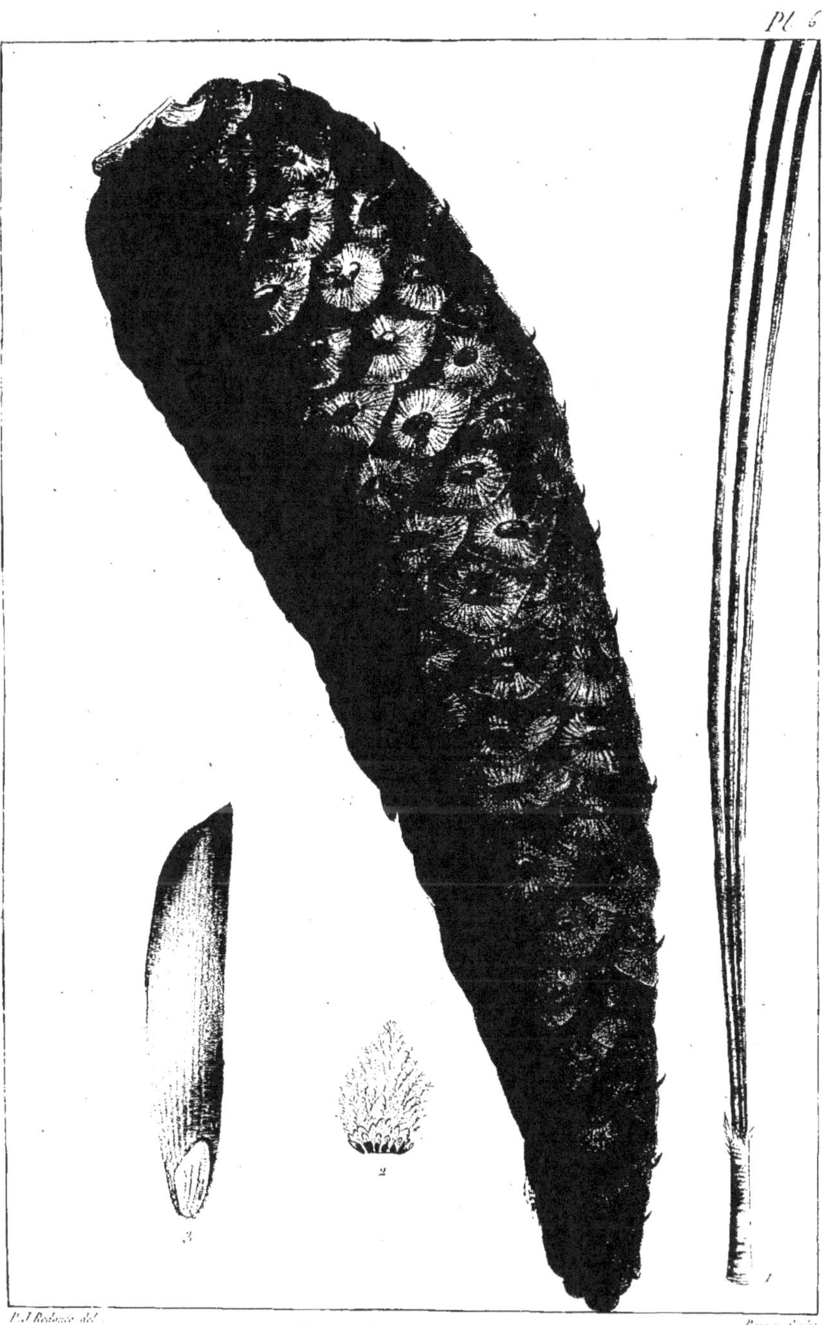

Long Leaved Pine.
Pinus australis.

tinctes et qui sont très-répandues. J'ai pensé également
ment que la dénomination spécifique d'*australis*,
étoit préférable à celle de *palustris*, sous laquelle
cette espèce est décrite par les botanistes ; car cette
dernière donne une idée absolument fausse de la
nature du sol où croît cet arbre.

C'est à peu de distance de Norfolk, dans la basse
Virginie, où commencent les landes américaines,
Pine Barrens, que le *Pinus australis* commence
aussi à se montrer, lorsqu'on va vers le midi ; car
cette espèce est en quelque sorte inhérente à cette
nature de terrain. On la retrouve ensuite sans in-
terruption dans la partie basse des deux Carolines,
de la Géorgie et des deux Florides, étendue de
landes tellement vastes, qu'elles embrassent un espace de plus de 1000 kilomètres (250 lieues) du
nord-est au sud-ouest, et de 150 à 200 kilomètres
(40 à 50 lieues de largeur) à partir du bord de la
mer, dans les deux Carolines et la Géorgie. J'ai reconnu trois points distans les uns des autres de 120
à 150 kilomètres (30 à 40 lieues), où le *Pinus aus-*
tralis cesse de croître : le premier dans la Caroline
septentrionale à huit milles de la rivière Nuse, sur la
route de Louisburgh à Ralcigh ; le second entre
Chester et Winesburough dans la Caroline du Sud ;
et le troisième à douze milles nord d'Augusta dans
la Géorgie. Lorsque cet arbre commence à se montrer vers la rivière Nuse, il se trouve réuni au *Pinus*
tæda et au *Pinus mitis*, et entremêlé de *Quercus*
ferruginea et de *Quercus catesbœi* ; mais, immé-

diatement au-delà de Raleigh, on le voit presque seul en possession du sol, et lorsqu'on le rencontre de nouveau avec ces mêmes espèces de pins, ce n'est jamais que sur les bords des marais (*swamps*), qui sont enclavés dans les landes. Ces dernières espèces, au surplus, sont à peine dans la proportion d'un à cent avec le *Pinus australis*, lequel, à cette exception près, forme cette masse non interrompue de forêts, qui couvre la vaste étendue de pays comprise entre les points que je viens d'indiquer. Il y a néanmoins quelques cantons entre Fayetteville et Wilmington, dans la Caroline du Nord, où le *Quercus catesbæi* se trouve disséminé dans les landes, et c'est le seul arbre qui puisse, comme l'espèce que nous décrivons, s'accommoder d'un terrain aussi aride.

La hauteur moyenne du *Pinus australis* est d'environ 20 à 24 mètres (60 à 70 pieds) sur 40 centimètres (15 à 18 pouces) de diamètre, et sa grosseur est uniforme dans les deux tiers de son élévation. Quelques individus parviennent à de plus grandes dimensions ; mais cela tient aux localités, ainsi que j'aurai occasion de le faire remarquer dans la suite de cet article. L'écorce du *Pinus australis* est peu fendillée, et l'épiderme s'en détache en feuillets minces et transparens. Ses feuilles au nombre de trois dans la même gaîne, longues d'environ 33 centimètres (1 pied), d'un beau vert, sont luisantes et réunies en paquets à l'extrémité des branches. Elles sont plus longues et beaucoup plus nombreuses dans les jeunes arbres; et c'est à cause de cela que les nègres les coupent souvent par le pied, et s'en servent comme de balais. Ses bourgeons sont très-gros, blancs, frisés et non résineux.

Le *Pinus australis* fleurit au mois d'avril ; ses fleurs mâles présentent une masse de chatons divergens de couleur violette, et longs de près de 5 centimètres (2 pouces). A l'époque de leur dessication, ils laissent échapper une grande quantité de *polen* ou de poussière jaunâtre, qui, emportée au loin par les vents, couvre momentanément la surface de la terre et des eaux. Ses cônes, armés de pointes fines, courtes et recourbées en arrière, sont très-volumineux, ayant 20 centimètres (7 à 8 pouces) de largeur sur 10 centimètres (4 pouces) de diamètre après qu'ils sont ouverts. Dans les années où cet arbre porte fruit, ils sont à maturité vers le 15 octobre, et ils laissent échapper leurs graines dans le courant du même mois. L'amande, d'un goût assez agréable, est enfermée dans une coque mince et de couleur blanche, tandis qu'elle est noire dans toutes les autres espèces de pins de l'Amérique septentrionale; elle est surmontée d'une aile membraneuse. Dans certaines années, les graines sont extrêmement abondantes, et elles sont avidemment recherchées par les dindons sauvages, les écureuils, et même par les cochons qui vivent presque toujours dans les bois. Lorsqu'au contraire ce ne sont pas des années à fruit, on parcourroit en vain des centaines de milles de forêts composées uniquement de cette espèce d'arbre, sans trouver un seul cône ; et c'est là probablement ce qui a fait dire aux François qui tentèrent de s'établir dans les Florides en 1567 « que les bois étoient remplis de pins magnifiques, mais qui ne portoient point de fruit. »

Le *Pinus australis* est peu chargé d'aubier; sur plusieurs arbres de 40 centimètres (15 pouces) de diamètre, que j'ai mesurés à 1 mètre (3 pieds) de terre, je n'en ai trouvé que 6 centimètres (2 pouces et demi) sur 24 centimètres (10 pouces) de cœur; et c'est parce qu'il jouit de cette propriété , qu'on en exploite une si grande quantité de cette grosseur, et c'est également par cette raison , que, dans le commerce d'exportation qui s'en fait, on ne reçoit aucune pièce qui n'ait au moins 24 centimètres (10 pouces) d'équarissage sans aubier. Lorsque cet arbre est parvenu à son entier développement, ses couches concentriques sont très-rapprochées, espacées également, et la matière résineuse y est assez abondante et répandue d'une manière plus uniforme que dans les autres espèces du même genre; c'est par cette raison que le bois du *Pinus australis* a plus de force, et qu'il est plus compacte et plus durable : il a d'ailleurs le grain fin et serré, et est susceptible de bien se polir. Ces divers avantages le font préférer dans les États-Unis à tous les autres pins, toutes les fois qu'on peut se le procurer. Cependant ces qualités éprouvent des modifications selon la nature du sol où il croît; ainsi dans les cantons qui avoisinent le bord de la mer, dont le terrain n'est qu'un sable

quartzeux couvert d'une couche très-mince de terre
végétale , ce pin est plus résineux que lorsque cette
couche a douze centimètres (5 à 6 pouces) d'épaisseur : de là vient qu'on désigne improprement les
individus qui viennent dans le premier sol, sous
le nom de *Pitch pine*, pin à goudron, et les autres
sous celui de *Yellow pine*, pin jaune, comme si
c'étoit deux espèces différentes.

Le *Pinus australis* sert à un grand nombre d'usages
dans les Carolines, la Géorgie et les deux Florides;
les huit dixièmes des maisons en sont entièrement
construites, à l'exception de la toiture qui est ordinairement faite en bardeaux de *Cupressus disticha ;*
mais dans les campagnes , à défaut de ce dernier
bois, on s'en sert aussi pour cet objet, et alors on
est obligé de renouveler les bardeaux après quinze
à dix-huit ans, laps de temps encore très-considérable dans un pays où les alternatives de la chaleur
et de l'humidité sont extrêmes. On en fait aussi la
clôture des champs cultivés; ce qui en consomme
une quantité prodigieuse.

Le *Pinus australis* est très-employé dans les constructions navales, et c'est de toutes les espèces de pins
la plus estimée pour ce genre de travail. Dans les Etats
méridionaux, la quille, les *beams*, les bordages et les
chevilles pour les fixer sur les membrures, ainsi que
les mâts, sont tirés de cet arbre. On le préfère, particulièrement pour le pont, au vrai Pin jaune, *Pinus
mitis*, et on en exporte, pour ce seul objet, une
assez grande quantité à Philadelphie, à New-York et

dans d'autres ports de mer situés plus au nord. Il y est aussi recherché pour faire les planchers des maisons.

Le bois du *Pinus australis* contracte quelquefois une couleur rougeâtre, due à la nature du sol où il croît ; ce qui lui a fait donner dans les chantiers de constructions des Etats septentrionaux, le nom de Pin rouge. On y regarde le bois de cette qualité comme le meilleur, et beaucoup de constructeurs dans les États-Unis pensent même que les bordages des vaisseaux qui en sont faits, sont plus durables que ceux faits en chêne, et moins susceptibles d'être attaqués par les vers de mer.

Dans la Floride orientale où j'ai voyagé, le *Pinus australis* m'a paru s'élever à une plus grande hauteur, et il couvre presque toute la surface du pays. C'est la seule espèce de Pin des Etats méridionaux, qui soit exportée en Angleterre et aux colonies des Indes occidentales. Un grand nombre de petits bâtimens sont constamment employés à ce commerce, surtout de Wilmington dans la Caroline du nord, et de Savanah en Géorgie. Les bois destinés pour les colonies occidentales, sont débités en planches et pièces de toute épaisseur, soit pour la bâtisse des maisons, soit pour la construction des vaisseaux. Ceux qu'on expédie pour l'Angleterre y arrivent sous la forme de madriers de 5 à 10 mètres (15 à 30 pieds) de long sur 30 à 60 centimètres (10 à 20 pouces) de diamètre : on leur donne dans le pays le nom de *ranging timbers*, et le prix varie de 8 à 10 dollars (40 à 50 fr.) les 100 pieds cubes.

C'est à Liverpool que se rendent la plupart des navires qui en sont chargés. L'on dit que ces madriers
sont employés à la construction des vaisseaux, et
servent aussi à celle des bassins dits *Wet - Docks*.
On leur donne le nom de *Georgia pitch pine*, pin à
goudron de Géorgie, et cette qualité de bois de pin
se vend toujours de vingt-cinq à trente pour cent plus
cher que celle de toute les autres espèces qu'on importe des autres parties de l'Amérique septentrionale.

D'après les usages variés auxquels on a vu que le
bois du *Pinus australis* étoit appliqué, non-seulement dans les pays où il croît, mais encore aux colonies des Indes occidentales et en Europe, on peut
juger combien la consommation doit en être considérable. Cependant à ces causes de destruction,
utile à la société, il vient de s'en réunir une autre
infiniment désastreuse, et à laquelle il paroît im-
possible de remédier. On a remarqué depuis l'an 1804
que des cantons fort étendus, et couverts des plus
beaux Pins, n'offrent plus que des arbres morts.
J'avois déjà observé en 1802 le même phénomène
sur le *Pinus mitis* dans l'Etat de Tennessée. Ce
fléau, qui se fait sentir dans les belles forêts de
Pinus sylvestris (scoth fir) qui peuplent le nord de
l'Europe, est produit par des essaims d'insectes,
dont les uns se logent dans la maîtresse pousse ou
la flèche, et les autres s'introduisent sous l'écorce,
pénètrent dans le corps de l'arbre, et le font périr
dans le cours de la même année.

Les services qu'on retire du *Pinus australis* ne se

bornent pas à son bois ; on en extrait là presque
totalité des substances résineuses qui servent à la
construction des nombreux vaisseaux des États-Unis,
et forment en outre une branche importante de commerce avec les colonies des Indes occidentales et
l'Angleterre. Sous ce rapport, il n'existe aucune autre
espèce dans ce pays qui puisse y suppléer ; car celles
qui seroient susceptibles de le faire , sont ou disséminées dans les bois, ou situées dans des lieux peu
accessibles ; ou , enfin , resserrées dans des cantons
trop peu étendus ou trop éloignés , pour qu'on
puisse en obtenir de grandes quantités ; et pour ne
citer qu'un seul exemple , lors des premiers établissemens dans les Etats septentrionaux , les terrains
qui étoient couverts de *Pinus rigida* , furent presque
épuisés au bout de vingt-cinq à trente ans , et depuis
plus d'un demi-siècle le nombre des arbres de cette
espèce y est tellement diminué, qu'on ne peut plus
maintenant les exploiter sous le rapport des produits
résineux.

Malgré que les landes américaines , *Pine Barrens* ,
soient d'une étendue très-considérable , et qu'elles
soient couvertes des plus beaux Pins, elles ne sont
cependant pas toutes exploitées , soit par le défaut
de communication avec les ports de mer, soit par
l'éloignement des rivières qui les traversent, ou parce
qu'on n'a pas encore ouvert de chemins pour y former des établissemens agricoles, attendu l'extrême
pauvreté du sol. On faisoit autrefois du goudron dans
toute l'étendue des basses Carolines , de la basse

Géorgie et des Florides; car on trouve partout des vestiges de tertres qui ont servi à la combustion des bois résineux; mais aujourd'hui cette branche d'industrie est, pour ainsi dire, bornée à la partie inférieure de la Caroline septentrionale, où l'on fabrique la presque totalité du goudron et de la térébenthine qui s'exporte de Wilmington, tant pour les autres ports des États-Unis, que pour les colonies occidentales et la Grande-Bretagne.

Les produits résineux que fournit le *Pinus australis* sont au nombre de six; savoir : la térébenthine, *turpentine;* la raclure ou le râtissage, *scraping;* l'esprit de térébenthine, *spirit of turpentine;* la résine, *rosin;* le goudron, *tar;* et le bray, *pitch.* Les deux premiers sont introduits dans le commerce tels que la nature les donne, et les autres, sont le résultat de préparations pour lesquelles on emploie l'action du feu. Je vais entrer, relativement à ces différens produits, dans quelques détails qui y sont particulièrement relatifs.

La térébenthine est la séve elle-même, obtenue par une incision pratiquée au corps de l'arbre. Comme c'est à la mi-mars qu'elle commence à circuler, c'est aussi à cette époque que l'on en commence la récolte, qui est d'autant plus abondante que les chaleurs deviennent plus fortes, de manière que les mois de juillet et d'août sont les plus productifs. Vers le mois d'octobre où la circulation commence à se ralentir, on cesse aussi la récolte, et l'on attend le retour du printemps pour en faire une nouvelle. Quoiqu'on n'obtienne la térébenthine que pendant le printemps, l'été et une partie de l'automne, cependant les travaux qu'occasionne son extraction, occupent le reste de l'année. Ces travaux consistent à faire les boîtes, *to box*; à nettoyer la terre autour des arbres, *to rake*; à en entailler, *gendging*; à raviver, *to chip*; à enlever la térébenthine, *to dip*; enfin à ratisser, *to scrape*. La première opération, celle de faire les boîtes, a lieu dans les mois de janvier et de février; on fait au bas de chaque arbre, à trois ou quatre pouces au-dessus de terre, et préférablement du côté du midi, une entaille de la contenance d'environ 1 litre et demi (1 pinte et demie); on la fait, au reste, plus ou moins grande, selon la grosseur de l'arbre, et assez ordinairement elle occupe le quart de son diamètre, et dans ceux qui ont plus de 2 mètres (6 pieds) de circonférence, on pratique deux et quelquefois quatre boîtes opposées l'une à l'autre. C'est dans les mêmes mois et pendant le suivant, qu'on nettoie les arbres, c'est-à-dire qu'on enlève les feuilles et les herbes qui couvrent la surface du sol autour des pins. Ils se trouvent par ce moyen à l'abri du feu que les voyageurs, et surtout les rouliers, mettent inconsidérément dans les bois lorsqu'ils y couchent; car la flamme manquant alors d'aliment, ne peut plus arriver jusqu'à eux, et sans ce travail indispensable, elle gagneroit les boîtes déjà imprégnées de térébenthine, et les détruiroit. Quand cet accident arrive, malgré les précautions qu'on a prises, on est forcé de les refaire du côté opposé.

L'entaillement, *gendging* ou *to notch*, consiste à faire à chacun des deux côtés de la boîte, et dans une direction oblique, une gouttière d'environ huit centimètres (trois pouces) de longueur; elle a pour objet de conduire dans la boîte un surcroît de térébenthine, et d'y diriger celle qui suinte des bords latéraux de la plaie qui occupe une plus grande surface que la boîte elle-même.

Dans l'intervalle de temps qui s'écoule depuis qu'on a commencé à entailler jusqu'à ce que ce travail soit achevé, et qui est d'environ quinze jours, les premières boîtes sont pleines, et l'on commence à enlever la térébenthine. On se sert pour cela d'une spatule de bois, et l'ouvrier vide le seau qu'il porte avec lui dans un tonneau placé à proximité. Pour augmenter la récolte, on ravive une fois la semaine le bord supérieur de la plaie, en enlevant l'écorce et une portion de l'aubier, équivalente à quatre couches concentriques; car l'on a observé que plus on multiplie ces ravivemens, plus le produit de l'exsudation augmente. La térébenthine se récolte ainsi de trois semaines en trois semaines, espace de temps nécessaire pour que les boîtes soient remplies. Celle qu'on obtient de cette manière est la plus pure et la meilleure; elle reçoit le nom de *pure diping*. Les ravivemens successifs faits aux bords supérieurs de la plaie, forment dès la première année, une étendue d'environ 11 centimètres (1 pied) au-dessus de la boîte, et cette distance augmentant tous les ans, on est obligé de raviver plus fréquemment; car alors une plus grande quantité de térébenthine a le temps de se coaguler et de rester sur la surface de la plaie, avant d'arriver à sa destination.

Les pluies continues pendant plusieurs jours, en humectant les bords de la plaie, en obstruent en partie les pores, ce qui oblige, dans ce cas, de les raviver plus fréquemment ; aussi remarque-t-on que la récolte est toujours moins abondante, lorsque les années sont pluvieuses et les étés moins chauds que de coutume. Le bord supérieur de la plaie est horizontal tant qu'il est à la portée de l'ouvrier ; mais lorsque celui-ci ne peut plus y atteindre que difficilement, il a la forme d'un triangle à sommet renversé : c'est ce qui arrive ordinairement la cinquième ou la sixième année, laps de temps après lequel on abandonne les arbres. La plaie se cicatrise sur les bords, mais l'écorce ne recouvre jamais la partie dénudée, de manière à ce qu'elle puisse être retravaillée par la suite.

On estime que deux cent cinquante boîtes produisent à peu près un baril du poids de 155 kilogrammes (320 liv.) que chaque baril doit avoir dans le commerce. Quelques habitans donnent à un nègre quatre mille ou quatre mille cinq cents arbres chargés d'une boîte à soigner ; d'autres seulement trois mille ; mais à la vérité cette dernière tâche est considérée comme facile à remplir. On considère en général que trois mille arbres rendent, année commune, soixante-quinze barils de térébenthine et vingt-cinq de ratissage, *scraping* ; ce qui paroît indiquer qu'on vide les boîtes cinq à six fois dans le cours de la saison.

Le baril de térébenthine, dite *pure diping*, se vendoit 3 dollars (15 fr. 75 c.) au mois de novembre 1807, à Wilmington dans la Caroline du nord, et celui de *scraping* vingt-cinq pour cent de moins. Le ratissage ou *scraping*, est cette portion de térébenthine qui se durcit et se fige avant d'arriver à la boîte, et forme une couche épaisse qu'on enlève dans le cours de l'automne, en y ajoutant le dernier produit de la récolte de la térébenthine, *pure diping*.

La térébenthine est exportée dans les Etats du Nord et en Angleterre. Cette exportation a été, en 1804, de 77,827 barils (environ 240 mille quintaux). En temps de paix, il en vient même à Paris, où elle est connue sous le nom de *térébenthine de Boston*, quoique le pays d'où on la tire soit éloigné de cette ville de près de 1800 kilomètres (400 lieues). Dans tous les Etats - Unis on s'en sert pour faire le savon, dont la couleur est jaune et qui est de bonne qualité. L'Angleterre en consomme une très-grande quantité; car, d'après un exposé officiel des marchandises importées des Etats-Unis dans le cours de 1807, elle en a reçu pour la somme de 465,828 piastres (2,445,597 francs). Il en est arrivé dans le seul port de Liverpool, en 1805, 40,294 barils, et en 1807, 18,924. Elle s'y vendoit au mois d'août 1807, 15 francs le quintal, et en 1808, après la mise de l'embargo sur les navires américains, jusqu'à 40 fr. 50 cent. Je placerai ici une remarque que j'ai faite en lisant l'ouvrage d'*Oddy* sur les relations commerciales du nord de l'Europe avec la Grande-Bretagne, c'est que la térébenthine n'est pas comprise dans les listes qu'il donne des marchandises exportées d'Archangel et de Stockholm, tandis que dans certaines années, il s'expédie de ces deux ports plus de 100,000 barils de goudron.

On fabrique dans la Caroline du nord beaucoup d'esprit de térébenthine. On l'obtient en distillant la térébenthine dans de grands alembics de cuivre, qui ont le défaut d'être beaucoup trop resserrés à leur ouverture, ce qui doit ralentir l'opération. Il faut, dit-on, six barils de térébenthine pour avoir un baril d'esprit, contenant 112 litres (122 pintes). On l'expédie dans toutes les autres parties des Etats-Unis, et il en passe même dans les contrées de l'ouest par la voie de Philadelphie; on en exporte aussi pour l'Angleterre, et il vient également en France, où quelques personnes le trouve préférable à celui qu'on fabrique dans les landes de Bordeaux, parce qu'il n'a pas une odeur aussi forte. En 1804 il en a été exporté de la Caroline du Nord, 19,526 gallons, ou environ 80,000 pintes, mesure de Paris.

La résine, *rosin*, est le résidu de la distillation de la térébenthine; elle se vend environ un tiers de moins; 4675 barils ont été exportés dans le cours de l'an 1804.

Tout le goudron qui se fabrique dans la partie méridionale des Etats-Unis se tire des bois morts du

Pinus australis, tournés à l'état résineux. Ce sont les débris des arbres qui tombent de vétusté, ou dont la chute est accélérée par le feu mis annuellement dans les forêts, et qui dans son passage brûle en partie le pied des Pins, et surtout de ceux qui ont été travaillés pour en extraire la térébenthine. Les sommets abandonnés des arbres abattus pour être débités en planches ou madriers, et qui forment environ un tiers de leur hauteur, fournissent encore beaucoup de bois mort pour la fabrication du goudron ; et enfin, dans certaines années, la quantité en est encore augmentée par le verglas qui s'attache aux feuilles, et fait rompre par son poids de très-grosses branches [1].

C'est une chose digne de remarque que, dans les arbres résineux, les branches parviennent presque entièrement à *l'état de bois*, et que l'organisation y paroisse beaucoup plus complète que dans le cœur même de l'arbre, tandis qu'on observe précisément le contraire dans les arbres à feuilles tombantes ; mais il me suffit ici de faire connoître fidèlement ce phénomène, et je laisse aux personnes qui s'occupent de physiologie végétale le soin d'en donner l'explication. Toutes les portions d'arbres et de branches hors d'état de végéter subissent promptement une altération particulière, l'aubier se pourrit, et le bois déjà imprégné de sucs résineux, s'en surcharge à un tel

---

[1] Voyez mon Voyage à l'ouest du Mont-Alléghanys, *Paris*, 1803, chez *Dentu*, rue du Pont-de-Lodi.

degré, qu'il double de poids au bout d'un an. Les habitans prétendent même que la quantité de résine est encore beaucoup plus considérable après un intervalle de quatre à cinq ans. Cette augmentation de matière résineuse dans le bois mort est un fait certain, et dont il est facile de se convaincre, en comparant un morceau tiré d'un arbre qui vient d'être abattu, avec celui d'un autre tombé depuis long-temps.

Lorsqu'on veut faire le gondron, on choisit dans les forêts, pour y établir le bûcher, *kill*, un canton où ces bois morts sont abondans. On rassemble d'abord autour de l'endroit désigné tous les bois résineux ; on les dépouille de leur aubier, et on les coupe en morceaux d'un mètre (2 à 3 pieds) de longueur, sur 8 centimètres (3 pouces) d'épaisseur, ou à-peu-près. Ce travail est assez long, et même assez difficile, à cause de la grande dureté des nœuds qui s'y trouvent. Après cette opération préliminaire, on dispose l'emplacement où les bois doivent être empilés ; pour cela, on élève un tertre de forme circulaire, et on l'entoure d'un fossé peu profond. Les terres qu'on retire de ce fossé sont rejetées dans l'intérieur du tertre, et servent à en rehausser les bords et à donner au sol une pente insensible jusqu'au centre. Le diamètre du bûcher est proportionné à la quantité de bois qu'il doit recevoir. On lui donne environ 6 mètres (18 à 20 pieds), pour obtenir à-peu-près 100 barils de goudron ; dans le milieu est un trou qui communique par un conduit à une fosse destinée à recevoir sa matière résineuse, et qui est pratiquée dans le fossé même, dont le tertre est environné. Après que le sol a été bien glaisé et bien battu, on arrange les morceaux de bois les uns au-dessus des autres, dans la même direction que les rayons d'un cercle : ce qui leur donne une légère inclinaison vers le centre, suite nécessaire de la concavité du tertre.

La pile achevée peut être comparée à un cône tronqué aux deux tiers de sa hauteur, et ensuite renversé, pouvant avoir à sa base environ 6 mètres et demi (20 pieds) de diamètre ; à sa partie supérieure, 8 à 9 mètres (25 à 30 pieds); et 3 à 4 mètres (10 à 12 pieds) d'élévation. Elle est ensuite garnie en son entier de feuilles de Pin, recouvertes de terre, et le tout est maintenu sur les côtés au moyen d'une légère enceinte en bois. Cette enveloppe est nécessaire pour que le feu que l'on met dans la partie supérieure de la pile, et qui doit agir du haut en bas, ne produise qu'une combustion lente et graduée ; car si la masse venoit à s'enflammer à la fois, l'opération seroit manquée, et le travail préparatoire en partie perdu. Enfin cette dernière opération exige à-peu-près les mêmes soins qu'on apporte en Europe à la fabrication du charbon. Un bûcher, *kill*, qui doit rendre de 100 à 130 barils de goudron, est huit à neuf jours à brûler.

A mesure que le goudron se forme, et qu'il coule dans la fosse, on le verse dans des barils de 30 gallons, 93 litres (120 pintes), qui sont aussi faits de *Pinus australis*.

La bray *pitch* est le résultat de la combustion du goudron ; mais seulement jusqu'à la réduction de la moitié de son volume, pour être de bonne qualité.

La quantité de goudron et de bray importée en Angleterre des Etats-Unis dans l'année 1807, est évaluée, dans l'exposé officiel que nous avons déjà cité, à 265,000 piastres, ou environ 1,391,250 fr. Le premier se vendoit au mois d'août de la même année à Liverpool, 21 schelings sterl. (23 fr. 60 c.) ; et après qu'on y fût informé de la mise de l'embargo sur les navires américains, il s'éleva jusqu'à 45 schl. (54 fr.) ; fait dont on peut tirer des inductions favorables aux Etats-Unis. A Wilmington, C. N., dans les temps ordinaires, le prix du baril varie de 1 dollar 7 schl. à 2 dollars, (9 à 11 fr.)

Depuis 1786 jusqu'en 1799, tout le goudron qui est arrivé en Angleterre, y a été expédié suivant les remarques d'Oddy, savoir : un tiers par la Suède, un tiers par la Russie, et l'autre tiers par les Etats-Unis : ce qui y est venu du Danemarck se réduit à peu de chose.

Le goudron de Suède est le plus estimé dans le commerce ; après vient celui d'Archangel : quant à celui des Etats-Unis, il passe pour être inférieur aux deux autres. On attribue cette infériorité à ce qu'il est extrait de bois morts, au lieu que celui d'Europe est fabriqué avec les bois d'arbres récemment abattus. Je m'étendrai davantage sur cette différence à l'article du *Pinus rigida,* où l'on verra qu'il paroît avoir été reconnu depuis long-temps que l'emploi du bois vert ou du bois mort, influe beaucoup sur la qualité du goudron. On reproche encore à celui des Etats-Unis de contenir souvent de la terre, ce qu'il faut sans doute attribuer au peu d'attention qu'on met à faire la fosse dans laquelle il coule à mesure qu'il se forme dans le bûcher. Il égaleroit probablement en qualité celui du nord de l'Europe, s'il étoit fabriqué avec les mêmes soins et les mêmes procédés ; cependant, à ces causes des différences qui tiennent au mode de fabrication, il faut en ajouter deux autres très-remarquables. La première, c'est que le goudron de Suède ou de Russie provient du *Pinus sylvestris*, et celui des États-Unis du *Pinus australis*, deux arbres absolument distincts ; la seconde, que l'un de ces deux arbres croît dans les régions de l'Europe les plus froides, tandis que l'autre, au contraire, est indigène à des pays très-chauds. J'ai déjà eu occasion de dire que, malgré la grande étendue de pays que couvre le *Pinus australis*, la fabrication du goudron et de la térébenthine étoit aujourd'hui restreinte à la Basse-Caroline du nord, et à une très-petite portion de la Virginie qui l'avoisine ; mais d'après la grande consommation qui se fait de ces substances, tant dans les États-Unis que dans la Grande-Bretagne, je doute que quand même toutes les contrées qui en sont susceptibles, seroient exploitées sous ce rapport, elles pussent fournir long-temps à la consommation ; car on prétend qu'un canton où l'on a ramassé les bois morts pour l'extraction du goudron, ne se trouve regarni d'une même quantité qu'au bout de dix à douze ans. Il paroît donc qu'il seroit très-avantageux d'extraire le goudron de bois vert où d'arbres écorcés à l'avance; peut-être, en employant ce moyen, parviendroit-on à subvenir aux besoins du commerce?

On pourroit encore, dans ces mêmes contrées, tirer un grand avantage de l'écorcement des Pins d'un petit diamètre, cette opération, en les faisant passer dans le cours de quinze mois à un état résineux complet, les rendroit très-propres à faire des pieux, ainsi qu'à beaucoup d'autres usages pour lesquels il faut des bois très-forts et susceptibles de résister long-temps aux influences de l'air et de l'humidité; on devroit surtout tenter cet écorcement au mois d'avril ou au commencement de mai, lorsque la séve est en activité, en observant d'enlever le *liber* le plus exactement qu'il seroit possible. J'aurois bien désiré faire cet essai pendant mon dernier séjour dans la Caroline du sud, mais la saison étoit trop avancée pour que je pusse l'entreprendre avec l'espoir d'obtenir un heureux résultat.

Je terminerai la longue description du *Pinus australis* par le désir de le voir propager dans les Landes de Bordeaux. La température de cette partie de l'Empire et la nature du sol lui conviendroient très-bien; il y réussiroit beaucoup mieux que dans les départemens qui sont plus septentrionaux, où il ne croîtroit jamais que d'une manière imparfaite. Il seroit une ressource de plus pour la France; car, outre ses produits résineux, son bois est le meilleur de tous ceux que fournissent les autres espèces de Pins de l'Amérique septentrionale. Je l'ai comparé à celui du *Pinus maritima* (Pin de Bordeaux), et à celui du *Pinus sylvestris* (Pin du Nord ou de Riga), et je l'ai trouvé très-supérieur en qualité. Je ne doute pas non plus que les bois des *Pinus mitis* et du *Pinus rubra* ne soient aussi très-préférables à ceux de ces deux espèces européennes, à en juger par les forts échantillons que j'ai rapportés.

La figure du *Pinus australis*, dans l'ouvrage de *Sir* A. B. Lambert, représente bien les feuilles et les fruits ; mais il est défectueux relativement aux fleurs mâles. Quant à la description qu'il donne de cet arbre, elle offre, de toute manière, une telle disparité avec la mienne, que je crois devoir la transcrire ici textuellement et dans son entier, plutôt que d'entrer dans aucune discussion. La description latine commence ainsi : *Pinus palustris. Arbor mediocris, in paludosis. — The Wood is of a redish white colour, soft, light and very sparingly impregnated with rosin. It soon decay and burn badly it is so litle estimated that as long as any kind of wood is to be had, not tho least use is made of it.* « Le bois de cet arbre est de couleur rougeâtre, tendre, léger et peu chargé de résine. Il pourrit promptement, et brûle mal. Il est si peu estimé, qu'aussi long-temps qu'on pourra se procurer toute autre espèce de bois, il n'en sera pas fait le moindre usage. »

PLANCHE VI.

Fig. 1 , *feuille. Fig.* 2 , *bourgeon. Fig.* 3 , *graine.*

PINUS *SEROTINA.*

THE POND PINE.

PINUS *serotina; arbor,* 40-45 *pedalis; foliis ternis, prælongis ; amentis masculis erecto incumbentibus ; strobilis ovatis ; tessularum mucrone munutissimo.*

OBS. *Strobili anno tantum sequenti dehiscunt.*

P. serotina A. Mich. fl. B. Am^a.

QUOIQUE le *Pinus serotina* se rencontre assez fréquemment dans la partie maritime des Etats méridionaux, il est cependant comme perdu dans la
grande masse des Pins à longues feuilles qui couvrent toutes ces contrées ; d'ailleurs, il n'est employé
à aucun usage déterminé, et il a cet air de famille
qui donne une apparence à-peu-près semblable à
tous les Pins ; et c'est sans doute par ces motifs qu'il
n'a reçu jusqu'à présent des habitans aucune dénomination particulière. Le nom de *Pond pine*, Pin
des mares, que je lui donne, me paroît assez convenable, car on le trouve principalement autour
des mares *Ponds* remplies de *Laurus estivalis*,
Pondbushes, ainsi que dans les petits swamps ou marais, dont le sol noir et même bourbeux est couvert
de *Gordonia lasianthus*, *Laurus caroliniensis
Nyssa aquatica*, *Magnolia glauca*.

Les feuilles du *Pinus serotina*, réunies trois à
trois dans une seule gaîne, sont longues de 13 à 16
centimètres (5 à 6 pouces) et même un peu plus
grandes dans les jeunes individus. Ses chatons, longs

Pond Pine.

Pinus serotina.

de 11 à 12 millimètres (6 à 8 lignes), sont droits et non recourbés, ni mêlés ensemble, comme dans le *Pinus australis* ou le *Pinus mitis*. Ses cônes, le plus souvent réunis deux à deux et opposés l'un à l'autre, ont environ 6 centimètres (2 pouces et demi) de longueur, sur 14 centimètres (5 pouces et demi) de circonférence, et sont assez semblables par leur configuration à un œuf de grosseur ordinaire. Leurs écailles, arrondies à l'extrémité supérieure, sont ar_mées d'une pointe très-courte et très-fine, qui se casse avec la plus grande facilité ; ce qui, dans quelques circonstances, pourroit faire croire qu'elles en sont entièrement dépourvues.

Quoique les cônes du *Pinus serotina* ne soient que deux ans pour arriver à leur entière maturité, cependant ils ne s'ouvrent et ne laissent échapper leurs graines que la troisième et même la quatrième année.

Cet arbre s'élève ordinairement de 11 à 12 mètres (35 à 40 pieds), sur 40 à 50 centimètres (15 à 18 pouces) de diamètre ; il est fort rare de trouver des individus qui aient de plus grandes dimensions. Il est surtout remarquable par ses branches fort espacées, et qui commencent toujours à partir au-dessous de la moitié de sa hauteur ; outre le désavantage que lui donne ce défaut, il a encore celui d'être surchargé d'aubier, au point qu'on en trouve toujours, même dans les plus gros arbres, une plus grande proportion que de cœur ; et c'est à cause de cela qu'on n'en fait aucun usage dans le pays, et qu'il ne mérite point par conséquent d'attirer l'attention des personnes qui s'occupent de plantations utiles en Europe.

Obs. Lorsque les marais où swamps, aux environs desquels croît le *Pinus serotina*, sont peu éloignés des champs autrefois cultivés, mais abandonnés à cause de leur infertilité, on observe quelquefois qu'il s'y est multiplié avec le *Pinus australis*; c'est ce qui m'a mis à même de m'assurer que la sécheresse du terrain n'apportoit point de différence dans la forme de cet arbre, ni dans celle de ses cônes, et que ceux-ci, dans ce cas, n'étoient point armés de pointes plus longues ni plus fortes que dans les individus qui croissent dans un sol humide.

J'ai cru devoir ajouter cette observation, parce que cet arbre a été fréquemment confondu avec le *Pinus rigida*, avec lequel il a beaucoup d'analogie par sa forme.

PLANCHE VII.

Fig. 1 , *feuille. Fig.* 2 , *graine.*

Pl. 8
Bessa del.
Pitch Pine.
Pinus rigida.

PINUS *RIGIDA.*

THE PITCH PINE.

PINUS *rigida, arbor ramosa; cortice scabro-rimosa , gemmis resinosis ; foliis ternis ; amentis masculis erecto-incumbentibus ; strobilis sparsis vel aggregatis, squamis echinatis, spinis rigidis.*

P. rigida , Linn.

CETTE espèce est connue dans tous les Etats-Unis sous le nom de *Pitch pine*, Pin résineux , et quelquefois aussi en Virginie sous celui de *Black pine*, Pin noir, mais jamais , sous la dénomination de *Three leaved Virginian pine*, Pin de Virginie à trois feuilles, que lui donne *Sir* A. B. Lambert, dans son ouvrage.

A l'exception de la partie maritime des Etats méridionaux et des contrées fertiles situées à l'ouest des monts Alléghanys, cet arbre se trouve dans toutes les parties des Etats-Unis , mais beaucoup plus abondamment dans la partie atlantique , où la nature du sol est très-variée et souvent de très mauvaise qualité.

Les environs de Brunswick, dans le district de Maine, et ceux de Burlington sur le lac Champlain, dans l'Etat de Vermont, sont les points les plus septentrionaux où je l'aie trouvé ; dans ces contrées, les endroits où il croît le plus ordinairement sont ceux dont le sol est uni et formé d'un sable quartzeux, friable et si peu substantiel que cet arbre, qui les couvre exclusivement, ne s'élève pas au-dessus de 4 à 5 mètres (12 à 15 pieds); ses branches menues et chargées de petits cônes annoncent encore son épuisement.

Les chaînons successifs qui composent les Alléghanys et qui traversent la Pensylvanie et la Virginie, dans une étendue de plusieurs centaines de milles, en sont parfois couverts; c'est ce que j'ai eu l'occasion de remarquer plusieurs fois, dans mon voyage de Philadelphie à Pittsburgh sur l'Ohio, et notamment en traversant les South mountains, sur le chaînon désigné sous le nom de Sadle Hill, à 30 milles de Bedfort. Sur ces montagnes, dont le sol est un peu moins mauvais, et qui est composé d'argile et de beaucoup de pierres, le *Pinus rigida* vient à 10 à 12 mètres (30 à 35 pieds) de hauteur, sur 3 à 4 décimètres (12 à 15 pouces) de diamètre; dimensions beaucoup plus grandes que celles des diverses espèces de chênes avec lesquelles il se trouve.

On le rencontre encore fréquemment dans la partie basse du New-Jersey, de la Pensylvanie et du Maryland, mais dans des sites tout opposés. Ainsi, dans tous les grands *swamps* ou marais remplis de *Cupressus thuyoides*, qui sont constamment vaseux ou couverts d'eau, il se trouve des *Pinus rigida* qui surpassent les autres arbres en élévation et en grosseur : ils ont environ 20 à 25 mètres (70 à 80 pieds) de hauteur, sur 6 à 7 décimètres (20 à 28 pouces) de diamètre. Cet arbre résiste aussi assez long-temps à l'action des eaux de la mer qui , dans les fortes marées , couvrent les prairies salées , au milieu desquelles il croît quelquefois, et où il est seul de son espèce.

Les bourgeons du *Pinus rigida* sont toujours résineux , et ses feuilles, réunies au nombre de trois dans la même gaîne , ont depuis 3 jusqu'à 18 centimètres (1 pouce et demi jusqu'à 7 pouces) de longueur, selon qu'il croît dans des lieux très - secs ou très-humides. Ses chatons, disposés comme dans le *Pinus serotina*, sont droits et longs d'environ 3 centimètres (1 pouce). Ses cônes varient également en grosseur, suivant les localités, depuis un peu moins de 3 centimètres (1 pouces), jusqu'à 5 centimètres (3 pouces et demi) de longueur ; leur forme est pyramidale, et chaque écaille est armée d'une pointe aigüe et longue d'environ 4 millimètres (2 lignes). Lorsque le *Pinus rigida* croît en grande masse, soit sur les montagnes, soit dans les marais, ses cônes sont disséminés et placés un à un sur les branches , et, comme je m'en suis assuré par des observations constantes, ils s'ouvrent pour laisser échapper leurs graines à l'automne de la même année qu'ils sont arrivés à maturité ; mais lorsqu'au contraire, ces arbres sont isolés et exposés à être battus par les vents , ils sont rabougris, et les cônes sont ramassés au nombre de quatre à cinq, et même en plus grand nombre sur une seule branche. Alors ils restent plusieurs années sans s'ouvrir. Cette observation rela-

tive à l'agglomération des cônes, s'applique aussi au
Pinus inops et au *Pinus pungens*, et fait reconnoître
ces arbres au premier aspect.

Le *Pinus rigida* a l'écorce épaisse , noirâtre, et
profondément sillonée. Mais il se distingue surtout des autres espèces de Pins , en ce qu'il est très-
rameux et garni de branches dans les deux tiers de
sa hauteur ; ce qui rend son bois très noueux. Il a
de plus, l'inconvénient d'être tellement surchargé
d'aubier , que les trois quarts de son diamètre en
sont formés, ce qu'on observe même dans les plus
forts individus : aussi, les couches concentriques
sont-elles très-écartées. La qualité de son bois est encore très-différente suivant les lieux où il croît : sur
les montagnes et dans les terreins secs et graveleux , il
est très-résineux et par-là même compacte et pesant,
ce qui lui a fait donner le nom de *Pitch pine* , Pin à
goudron ; dans les marais, au contraire, il est tendre,
léger et encore plus chargé d'aubier ; alors il est désigné sous celui de *Sap pine,* Pin à aubier. Ces défauts
essentiels le rendent inférieur au *Pinus mitis* ; mais
comme cette dernière espèce devient tous les jours
plus rare, à cause de la grande consommation qui s'en
fait pour les constructions civiles et maritimes , on
la remplace en partie à New-York, à Philadelphie et
à Baltimore, par le *Pinus rigida* , dont on fabrique les
caisses destinées à contenir diverses marchandises ,
telles que la chandelle, le savon , etc. Les ouvriers
qui l'emploient pour ces usages secondaires se servent
de la qualité dite *Sap pine* , Pin à aubier.

Dans quelques parties des monts Alléghanys où le *Pinus rigida* est très-abondant, les maisons en bois en sont entièrement construites, et lorsqu'elles ne sont pas peintes, on reconnoît tout de suite à la quantité de nœuds dont les planches sont parsemées, qu'elles proviennent de cet arbre. On prétend cependant que pour le plancher inférieur, qu'on est dans l'habitude de laver toutes les semaines, elles sont préférables à celles du *Pinus mitis*, le grain du bois étant plus ferme et plus résistant, à cause de la quantité de résine dont il est imprégné.

On s'en sert aussi pour les corps de pompes des navires, et il convient très-bien à cet usage, pour lequel on recherche préférablement les espèces de Pin qui ont très-peu de cœur sur un grand diamètre.

Les boulangers de New-York, de Philadelphie et de Baltimore, ainsi que les briquetiers établis aux environs des villes, chauffent presqu'entièrement leurs fours avec le bois de cet arbre, ce qui en consomme une prodigieuse quantité. Ils l'achètent à Philadelphie, 3 piastres (16 francs) la corde. C'est encore avec les morceaux les plus résineux que se fait le noir de fumée.

Le *Pinus rigida* paroît avoir été autrefois fort commun dans les Etats de Connecticut, de Massachussetts et de New-Hampshire, situés à l'est de la rivière Hudson; car, depuis le commencement du dix-septième siècle jusqu'en 1776, on s'y est occupé, plus ou moins activement, de fabriquer du goudron. Cette fabrication y fut même encouragée vers l'an 1705, à la suite de quelques différends survenus entre l'Angleterre et la Suède qui fournissoit à cette première puissance ses approvisionnemens en ce genre : privée momentanément de cette ressource, la Grande-Bretagne chercha à y suppléer par ses colonies du nord de l'Amérique; elle offrit une prime de 1 pound sterling (22 f. 50 c.) pour autant de huit barils faits à la manière ordinaire, c'est-à-dire, avec des bois résineux provenant d'arbres morts, et celle de 2 pounds 4 shellings sterling (49 f. 40 c.), pour pareille quantité faite avec du bois vert. Comme il paroît que ce dernier procédé n'étoit point en usage, on le fit connoître, et on publia qu'il consistoit à écorcer les arbres jusqu'à trois mètres (9 pieds) au-dessus de terre , et à ne les abattre qu'au bout d'un an. La bonté de ce procédé a été confirmée depuis par les expériences de Buffon, sur la conversion de l'aubier *en bois*, expériences dont on tireroit de grands avantages dans les Etats-Unis, si on en faisoit l'application aux arbres résineux. Soit que cet encouragement ait causé rapidement une grande destruction de cet arbre, soit qu'on doive l'attribuer encore à d'autres circonstances que j'ignore ; il est constant que depuis bien des années, on ne tire plus ni térébenthine ni goudron de cette partie des Etats-Unis, car tout ce qui s'en consomme à Boston et dans les ports de mer voisins y est importé de Wilmington, dans la Caroline du nord.

La petite quantité de goudron qui se fabrique sur les bords du lac Champlain, est employée pour les petits bâtimens qui y naviguent, ou est envoyée à Québec. Quelques pauvres habitans se livrent aussi à ce travail, dans la partie basse du New-Jersey qui avoisine la mer, et le peu de goudron qu'ils en retirent est transporté à Philadelphie où il est moins estimé que celui qui vient des Etats méridionaux. Quant à la quantité qu'on en consomme sur les bords de l'Ohio, pour la construction des sept ou huit vaisseaux de différente grandeur qu'on lance annuellement sur cette rivière, elle vient des monts Alléghanys, et principalement des bords de Tar creek, (rivière à goudron) qui a son embouchure dans l'Ohio à 20 milles de Pittsburgh, et ce goudron revient à un prix très-élevé. On ne fabrique pas non plus dans les contrées de l'ouest, d'essence de térébenthine; tout ce qu'il en faut pour la peinture extérieure et intérieure des maisons y est transporté de Philadelphie et de Baltimore.

Mes recherches ne m'ont rien appris de plus sur le *Pinus rigida*, mais ce qu'on a lu, suffit pour prouver que plusieurs autres espèces de Pins lui sont préférables, telles que le *Pinus mitis* et le *Pinus rubra*, qui peuvent venir dans les mêmes terreins, et avec lesquels il se rencontre quelquefois naturellement: ces espèces n'ont pas, du moins au même degré, les défauts de cet arbre; car, ainsi que je l'ai déjà remarqué, lorsque ce dernier croît dans un sol sec et graveleux, il est branchu dans les deux tiers de sa hauteur, et par conséquent les pièces qui en proviennent sont pleines de nœuds ; et s'il se trouve dans des endroits très - humides, il acquiert, à la vérité, de bien plus grandes dimensions, mais alors son bois ne vaut rien, pour tous les ouvrages qui exigent de la force et de la durée.

PLANCHE VIII.

Fig. 1 *, feuille. Fig.* 2 *, graine.*

Loblolly Pine.
Pinus tæda.

PINUS *TÆDA.*

THE LOBLOLLY PINE.

Pinus *tæda, arbor maxima , supernè patula ; foliis ter-*
nis , prælongis ; amentis masculis divergentibus. Stro-
bilis 4 - uncialibus , tessulis mucrone sursum rigide
uncinato ; fructiferis sub-rhomboïdeis.

P. tæda, Linn.

Cette espèce de Pin est connue, dans toute la
partie basse des Etats méridionaux, sous le nom de
Loblolly pine; et quelquefois sous celui de *White
pine*, aux environs de Richemond et de Petersburgh en Virginie. C'est à peu de distance de Fre-
derickburgh, dans ce même Etat, éloigné de 230
milles au sud de Philadelphie, que j'ai observé cet
arbre pour la première fois, en me rendant dans les
Etats du midi. Je ne crois pas qu'il se trouve beaucoup plus vers le nord, et certainement il n'existe
point dans la Pensylvanie, ainsi que l'avance *Sir*
A. B. Lambert, d'après Vanghenheim.

Dans toute la basse Virginie, et dans cette portion
de la Caroline du nord située au nord-est de la rivière
Cap fear, ce qui comprend une étendue de près de
200 milles , le *Pinus tæda* croît dans tous les cantons secs et sablonneux ; mais si le terrein est formé
d'une argile rougeâtre mêlée de gravier, il est occupé
par le *Pinus mitis* et par différentes espèces de Chênes. C'est une chose bien digne de remarque que la

régularité avec laquelle le *Pinus tœda* et le *Pinus mitis* sont soumis pour leur croissance à l'influence du sol; car selon les variations qu'il éprouve, même dans l'intervalle de 4 à 5 milles, l'un ou l'autre de ces Pins paroît ou disparoît entièrement.

Dans la même partie de la basse Virginie, cet arbre s'empare encore exclusivement des terres dont l'infertilité a fait abandonner la culture, de manière qu'en voyageant à travers ces contrées, on rencontre fréquemment au milieu des forêts de Chênes et autres arbres à feuilles tombantes, des espaces de 35 à 70 hectares (100 à 200 arpens) couverts uniquement de jeunes *Pinus tœda* de la plus belle venue.

Dans les Etats méridionaux, cette espèce de Pin, qui est la plus commune après le *Pinus australis*, ne croît au contraire que dans les cantons qui avoisinent les rivières, ou qui sont traversés par les *creeks*, dont le sol est assez productif et susceptible de s'améliorer; tel est le terrein qui entoure la ville de Charleston, dans la Caroline du sud, à une distance de 5 à 6 milles, qui est, en grande partie, couvert de *Pinus tœda*. On voit encore souvent cet arbre le long des *swamps* étroits qui coupent en tous sens les landes, *Pines barrens*, et qui sont remplies de *Laurus caroliniensis*, *Magnolia glauca*, *Gordonia lasyanthus*, etc.

Les feuilles du *Pinus tœda* sont fines, d'un vert clair et longues d'environ 16 centimètres (6 pouces); elles sont réunies trois à trois dans la même gaîne, et quelquefois au nombre de quatre dans la maî-

tresse pousse des jeunes individus les plus vigoureux.

Ce Pin fleurit en Caroline dans les premiers jours
d'avril. Ses chatons ont près de 3 centimètres (un
pouce) de longueur, et sont, comme ceux du *Pinus australis* recourbés en différens sens les uns sur
les autres. Ses cônes, longs d'environ 11 centimètres (4 pouces) armés de fortes pointes, présentent
la forme d'une pyramide allongée, et, après leur
ouverture, celle d'un rhombe plus ou moins parfait ;
ils laissent échapper leur graine la même année.

Le *Pinus tæda* s'élève à plus de 25 mètres (80
pieds) sur 8 à 10 décimètres (2 à 3 pieds) de diamètre,
et sa cîme est très-large. Ceux de ces arbres qui m'ont
paru le plus élevés sur une moindre grosseur, croissent à peu de distance de Richemond, dans un terrein
léger et assez aride. On auroit pu tirer de plusieurs
individus que j'y ai observés, des cylindres très-
réguliers de 30 à 40 centimètres (12 à 15 pouces)
de diamètre sur 16 à 17 mètres (50 pieds) de longueur, et sans aucune apparence de nœuds.

Le *Pinus serotina* et le *Pinus rigida* sont, comme
je l'ai remarqué, très-chargés d'aubier, mais le *Pinus tæda* m'a paru l'être encore davantage. J'ai toujours vu avec surprise que des arbres de 7 décimètres (30 pouces) de diamètre, à 1 mètre (3 pieds)
de terre, avoient 5 à 6 décimètres (20 à 24 pouces)
d'aubier, et je n'ai jamais trouvé dans des individus
d'environ 3 décimètres (un pied) de grosseur, et
de 10 à 11 mètres (30 à 35 pieds) de haut, plus

de 3 centimètres (un pouce) de cœur ou de vrai
bois : aussi les couches concentriques sont-elles
extrêmement espacées dans ce Pin, et c'est ce qui
explique la grande rapidité avec laquelle il croît ,
surtout dans les Etats méridionaux, où j'ai le plus
souvent fait cette observation. En Virginie où il
vient dans des terreins plus secs, et par conséquent
moins rapidement, il n'a pas autant d'aubier, et son
bois est d'une contexture plus compacte. Je m'en
suis assuré en visitant les moulins à scie de la ville
de Petersburgh, où l'on apporte beaucoup de tronçons de cet arbre, pour y être débités sous différentes formes.

Les trois quarts des maisons de cette ville, et
presque toutes celles des campagnes voisines, sont
entièrement construites en bois de *Pinus tæda.* On
l'employe même pour les planchers du rez-de-chaus-
sée à défaut du *Pinus mitis* qui seroit bien préférable, s'il n'étoit pas si difficile de se le procurer,
aussi sont-ils mal joints et pleins d'inégalités, car
quoique les planches destinées à cet usage n'aient
que 11 centimètres (4 pouces) de large et qu'elles
soient bien clouées sur les solives, elles se retirent
encore. Cet inconvénient qui provient du grand
écartement des cercles annuels dont les intervalles
sont remplis d'une substance très-spongieuse, est
loin de se trouver dans le *Pinus australis*; car ce
dernier a plus de couches concentriques, dans 3
centimètres (un pouce) de largeur que le *Pinus tæda*
dans 3 décimètres (1 pied).

Dans les ports des Etats méridionaux, on se sert de ce Pin comme du *Pinus rigida* dans ceux du nord, pour faire les corps de pompe des vaisseaux, parce qu'on peut facilement, en les perforant, ôter tout le cœur à des arbres d'un grand diamètre. A Charleston, dans la Caroline du sud, les quais sont remblayés avec des tronçons de cet arbre qu'on recouvre de terre. Les boulangers chauffent aussi leurs fours avec son bois, et ils le paient un tiers de moins que celui du *Pinus australis* qui est plus résineux.

Tous ces usages, comme on le voit, sont très-secondaires, et c'est avec raison que dans ces contrées on regarde le *Pinus tæda* comme un des moins utiles. D'ailleurs, il pourrit avec une grande rapidité, lorsqu'il est exposé aux injures de l'air, et on lui reproche encore de s'emparer très-promptement des terres abandonnées, et d'y croître si vîte qu'il multiplie les travaux pour les soumettre de nouveau à la culture. Mais si le *Pinus tæda* est peu estimé des Américains, il peut être très-utile dans le midi de l'Europe, où tout arbre d'une belle venue et d'une croissance très-accélérée doit être considéré comme un bienfait de la nature. On pourroit s'en servir pour tous les ouvrages non apparens de menuiserie, pour les caisses d'emballage, etc. C'est à l'expérience à décider si dans les landes de Bordeaux, sa végétation ne seroit pas plus rapide que celle du *Pinus maritima*. Si je désigne cette partie de la France, ce n'est pas que j'ignore que cet arbre supporte les froids qu'on éprouve aux environs de Paris, et même qu'il y fructifie ; mais je doute qu'il puisse y prendre tout le développement qui lui est naturel.

Le *Pinus tæda* fournit abondamment de la térébenthine, mais elle est moins fluide que celle du *Pinus australis*. On en a fait l'observation en soumettant au même travail quelques-uns de ces Pins, qui se trouvent à proximité des cantons où l'on exploite ce dernier pour en tirer les produits résineux. Comme le *Pinus tæda* a beaucoup plus d'aubier, et que c'est de cette partie de l'arbre que découle seulement la térébenthine, on pourroit lui faire des incisions plus profondes, et il seroit possible qu'on obtînt même une plus grande quantité de cette substance.

La figure qu'en a donnée *Sir* A. B. Lambert est exacte, mais il est dans l'erreur lorsqu'il dit que cet arbre ne parvient qu'à une petite hauteur « *Arbor humilis*, etc. » ; c'est, au contraire, suivant moi, de tous les Pins des Etats-Unis, celui qui, après le *Pinus strobus* arrive à la plus grande élévation.

PLANCHE IX.

Fig. 1 , *feuille. Fig.* 2 , *graine.*

White Pine.
Pinus Strobus.

PINUS *STROBUS.*

THE WHITE PINE

Pinus *strobus , arbor excelsa ; cortice lœvi , cinereo
ætate ; foliis quinis , gracilibus , vaginis nullis ; amentis
masculis parvis , rufis ; strobilis lœvigatis , pendulis ,
longo-cylendraceis.*

P. strobus. Linn.

Cette espèce de pin , l'une de celles de l'Amérique septentrionale qui offre le plus d'intérêt, est connue, dans tous les États-Unis ainsi qu'en Canada, sous le seul nom de *White pine*, Pin blanc, à cause de la couleur de son bois qui est toujours très-blanc au moment où il vient d'être travaillé : elle reçoit cependant encore quelquefois dans le New-Hampshire et dans le district de Maine, les dénominations secondaires de *Pumpkin pine* , Pin potiron ; d'*Aple pine* , Pin pomme, et de *Sapling pine*, Pin baliveau , qui, comme nous le verrons , sont les résultats de quelques propriétés particulières.

Les feuilles du *Pinus strobus* , longues d'environ 11 centimètres (4 pouces), sont toujours nombreuses et réunies au nombre de cinq ; elles sont fines, déliées, d'un vert légèrement bleuâtre : et cet arbre doit sans doute à ce feuillage léger et délicat la forme agréable et élégante qu'il offre assez constamment dans les jeunes individus. Les chatons qui portent les fleurs mâles, sont rassemblés au nombre de cinq ou six et courbés en différens sens les uns sur les autres : leur longueur est d'environ 1 centimètre (4 à 5 lignes) ; ils deviennent rougeâtres avant de tomber. Les cônes longs environ de 10 à 12 centimètres (4 à 5 pouces), sur environ 2 centimètres (10 lignes) de diamètre à leur portée moyenne , sont pédiculés, pendans, un peu arqués et composés d'écailles minces, lisses et arrondies à leur base. Ils s'ouvrent vers le 1er. octobre, pour laisser tomber leurs graines, dont une partie est souvent retenue par la térébenthine qui suinte des écailles.

Le *Pinus strobus* se trouve dans une vaste étendue de pays, mais non pas par-tout avec une égale abondance; car un froid extrême, et surtout une trop forte chaleur finissent par le faire disparoître entièrement. Vers le nord, c'est sur les bords de la rivière Mistassins, à environ 170 kilomètr. (40 lieues) de son embouchure dans le lac S. Jean en Canada, par le 48° 50′ de latitude, que mon père observa le premier *Pinus strobus*, en revenant de la baie d'Hudson, après avoir traversé environ 44 myriamètres (100 lieues) de pays, sans en apercevoir aucun. Mais en avançant 2 degrés au sud, il le trouva assez commun ; ce qui est dû sans doute, plutôt à la nature du sol, plus favorable à la végétation de cet arbre , qu'à la différence si peu sensible que cette petite distance doit apporter dans la température. Il résulte encore des observations de mon père et des miennes, que c'est entre les 47° et 43° de latitude que cet arbre est le plus abomdamment répandu ; car, dans les pays situés plus au midi, on ne le voit que dans les vallons ou sur le penchant des monts Alléghanys , jusqu'à leur terminaison en Géorgie, et on cesse de le trouver dans les pays à l'est et à l'ouest de ces montagnes, à cause de la chaleur trop forte qui s'y fait sentir. On assure que le *Pinus strobus* est aussi très - multiplié aux sources du Mississipi , ce qui est très-vraisemblable , puisqu'elles sont situées sous la même latitude que les contrées où il parvient à son plus grand accroissement, comme dans le District de Maine, la partie supérieure de New - Hampshire, l'Etat de Vermont et le haut du fleuve S.-Laurent. Dans ces diverses parties des États-Unis, je l'ai trouvé dans les sites les plus opposés. Il paroît , en effet , s'accommoder de toute espèce de terrein, car il se fait remarquer par-tout où le sol n'est pas entièrement formé d'un sable maigre et aride, ou continuellement submergé. Cependant la partie la plus déclive des vallons , dont la terre est douce, friable et très-fertile , les bords des rivières où elle est composée d'un sable noir, profond et toujours frais, les marais remplis de *Thuia occidentalis* , dont la surface est tapissée d'un lit épais de *sphagnum* et constamment humide, sont les sites où l'on rencontre les individus qui atteignent le plus grand développement. Près de Noridgewock, sur la rivière de Kennebeck , dans un de ces marais de *Thuia* où on ne peut avoir accès que dans le milieu de l'été, j'ai mesuré deux de ces arbres abattus pour faire des pirogues : l'un avoit 5o mètres (154 pieds)

I.   14

de longueur sur 1 mètre 45 centimètres (54 pouces) de diamètre à 1 mètre (3 pieds) de terre, et l'autre 46 mètres (142 pieds) sur 1 mètre 14 centimètres (44 pouces) à la même hauteur. Belknapp dans son Histoire du New-Hampshire, rapporte qu'on coupa près de la rivière Merimack, un *Pinus strobus* qui avoit 2 mètres 48 centimètres (7 pieds 8 pouces) de diamètre et moi-même j'ai vu près d'Hollowell, la souche d'un individu qui avoit un peu plus de 2 mètres (6 pieds). Ces arbres remarquables par leur grosseur extraordinaire , étoient probablement arrivés à la plus grande élévation où parvient le *Pinus strobus* qui est d'environ 58 mètres (180 pieds). Des personnes dignes de foi m'ont assuré qu'elles en avoient fait abattre qui avoient à peu près cette hauteur, mais elles regardoient cette dimension comme extraordinaire , et ne se rencontrant que bien rarement. Je suis donc porté à croire que c'est d'après des renseignemens inexacts que quelques auteurs ont avancé que le *Pinus strobus* s'élevoit à plus de 84 mètres (260 pieds). Au reste cet antique et majestueux habitant des forêts de l'Amérique du nord n'en est pas moins le plus élevé comme le plus précieux des arbres qui les composent, et sa cime élancée dans les airs, les surpasse tous de beaucoup et le fait apercevoir à de grandes distances. Sa tige est sans branches jusqu'aux deux tiers et même aux trois quarts de sa hauteur, et les branches sont véritablement très-courtes proportionnellement à la grosseur du tronc. Elles sont verticillées ou disposées par étage les unes au dessus des autres, et garnissent ainsi le reste du corps de l'arbre jusqu'à son sommet : alors les trois ou quatre derniers rameaux se relèvent et présentent un bouquet qui semble comme détaché et dont on aperçoit à peine le support.

Lorsqu'au contraire le *Pinus strobus* se trouve disséminé dans les forêts d'Erables à sucre, de Hêtres, ou parmi les Chênes de différentes espèces, comme sur les bords du lac Champlain, et qu'il croît dans une terre forte, substantielle et propre à la culture du froment, alors il présente une tête très-ramifiée qui embrasse beaucoup d'espace, et quoique dans ces sortes de terrein il parvienne à une moindre élévation, il n'en est pas moins encore le plus grand et le plus vigoureux des arbres au milieu desquels il se trouve.

Dans le District de Maine et à la Nouvelle-Ecosse, j'ai rencontré fréquemment des terreins abandonnés à cause de leur stérilité, et j'ai toujours observé que le *Pinus strobus* étoit l'arbre du pays qui s'emparoit le premier du sol, et qui, quoique jeune et souvent isolé, résistoit le mieux aux vents impétueux de l'Océan.

Dans les jeunes individus qui n'ont pas plus de 13 mètres (40 pieds), l'écorce du tronc, et surtout des jeunes branches, est lisse et même luisante, mais à mesure que les arbres vieillissent, elle se fendille, devient rugueuse et d'une couleur grise ; elle ne tombe pas non plus par écailles, comme dans les autres espèces de Pins. Le *Pinus strobus* en diffère aussi par son tronc qui ne conserve pas, comme ces derniers, un diamètre uniforme jusqu'à une grande hauteur; car il diminue au contraire très-sensiblement, à partir du pied jusqu'au sommet, quoique cela paroisse moins remarquable dans les vieux arbres. Il résulte de là beaucoup de perte lorsqu'on veut avoir des pièces d'une grande longueur et de même grosseur aux extrémités. Mais cet inconvénient est en quelque sorte compensé par l'avantage qu'il a d'être plus gros et d'avoir fort peu d'aubier; car un *Pinus strobus* de 32 centimètres (1 pied) de diamètre à 1 mètre (3 pieds) de terre, n'en a guère plus de 2,7 millimètres (1 pouce) tandis qu'un *Pinus mitis* de la même grosseur, en auroit 10,0 (4 ou 5), et un *Pinus tæda* 28,8 (10 ou 11). Cette propriété est assez importante, puisque dans toutes les constructions, on doit dépouiller avec soin les planches et les madriers de leur aubier qui est sujet à se pourrir très-promptement ou à être attaqué par les vers.

Parmi les nombreuses espèces de Pins que possède l'Amérique septentrionale, il n'en est aucune dont le bois soit employé en aussi grande quantité et à des usages aussi variés : ce n'est pas cependant que le bois du *Pinus strobus* soit sans défauts, car il en a même d'assez essentiels, comme de n'avoir pas beaucoup de force, de tenir mal les clous, et d'être parfois sujet à se gonfler dans les temps humides : mais ces défauts sont rachetés par une multitude de propriétés qui lui assurent la supériorité sur tous les autres bois du genre des Pins. Il est tendre, léger, peu chargé de nœuds et facile à travailler; il résiste mieux qu'aucun autre aux injures du temps, et il ne se fend pas aussi facilement aux ardeurs du soleil; il fournit des planches d'une belle largeur, et des pièces de charpente de la plus grande dimension; enfin il est encore abondant et à bon marché.

J'ai toujours observé que l'influence du sol étoit plus sensible dans les arbres résineux que dans ceux qui perdent leurs feuilles. Le *Pinus strobus* en particulier, a des qualités très-différentes selon la nature du sol où il croît. Lorsqu'il se trouve dans des terreins formés d'un sable gras, profond et humide, il réunit au plus haut degré celles de ses propriétés qui le font le plus estimer, et notamment la légèreté, ainsi que la texture fine et délicate de son grain qui permet de le couper net en tous sens, sans qu'il s'éraille; et c'est probablement par cette raison qu'on lui donne dans ce cas le nom de *Pumpkin pine*, Pin potiron. Mais, lorsqu'il croît dans des terreins secs et élevés, son bois est plus ferme et plus résineux, son grain est plus grossier, ses couches concentriques sont très-espacées, et alors on l'appelle *Sapling pine*, Pin baliveau.

Dans tous les Etats du nord, qui renferment la très-grande partie de la population des Etats-Unis, les sept dixièmes des habitans vivent encore dans des maisons construites en bois, et les trois quarts de

ces maisons, dont on peut évaluer le nombre à plus
de 5oo mille, sont presqu'entièrement faites de *Pinus strobus*, non-seulement dans les campagnes et
les villages, mais, dans toutes les villes, à l'exception de Boston, New-York et Philadelphie, qui cependant ont encore les maisons de leurs faubourgs
et un petit nombre d'autres bâties de cette manière.
Dans les églises et autres grands édifices, les plus
grosses pièces de charpente sont aussi tirées de ce
même arbre.

Les moulures qui décorent les portes extérieures
des maisons, les corniches et les frises qui ornent
l'intérieur des appartemens, les manteaux des che-
minées qui sont travaillés en Amérique avec beaucoup de soin, sont encore faits de ce même bois, de
même que les cadres des glaces et des tableaux, car
il a l'avantage pour ces différens ouvrages de prendre
bien la dorure. Les sculpteurs en bois qui s'occupent
exclusivement de faire les figures destinées à orner
l'avant des vaisseaux, n'emploient également que
le bois du *Pinus strobus*; mais, ils préfèrent pour
ce genre de travail, la variété que sa qualité tendre
et peu résineuse fait appeler trivialement *Pumpkin
pine*, Pin potiron.

A Boston, et dans les autres villes des Etats du
nord, l'intérieur des meubles d'acajou, les malles,
le fond des chaises de Windsor de deuxième qualité,
les seaux à puiser de l'eau, une grande partie des
caisses destinées à emballer les marchandises, les
cases et tablettes des magasins et boutiques sont faites

en planches de cet arbre, ainsi qu'une infinité d'autres ouvrages.

Dans le District de Maine, on en fait aussi des barils pour le poisson salé, mais on y emploie de préférence la variété dite *Sapling pine*, dont le bois a plus de force.

Les magnifiques ponts en bois qui sont construits l'un à Philadelphie sur la Schuylkill, et l'autre à Trenton sur la Delaware; ceux qui unissent Cambridge et Charleston à la ville de Boston, dont l'un a 974 mètres, (3,000 pieds) de longueur, et l'autre 487 (1500), sont faits en bois de *Pinus strobus*, qu'on a préféré comme résistant le mieux aux alternatives de la chaleur et de l'humidité.

Il fournit encore exclusivement à la mâture des nombreux vaisseaux qui se construisent dans les Etats du nord et du milieu, et il seroit bien difficile de le remplacer pour cet objet dans l'Amérique septentrionale. On dit même qu'avant la guerre de l'indépendance, l'Angleterre faisoit venir des Etats-Unis les mâts nécessaires à sa marine militaire et marchande, et encore aujourd'hui, elle en tire de ce pays pour suppléer à ce qu'elle ne peut se procurer dans le nord de l'Europe. C'est du District de Maine, et notamment de la rivière de Kennebeck que sont venus en Angleterre les plus beaux échantillons.

Le gouvernement anglois, peu de temps après l'établissement de ses colonies dans cette partie du monde, sentit tout l'avantage de posséder de belles mâtures, et toute l'importance de leur conservation;

il rendit en 1711 et en 1721, les ordonnances très-sévères pour défendre, dans les propriétés royales, la coupe des arbres propres à la mâture. Cette défense s'étendoit aux vastes contrées qui sont bornées au midi par le New-Jersey et au nord par l'extrémité septentrionale de la Nouvelle-Ecosse. J'ignore jusqu'à quel point on a tenu la main à leur exécution depuis cette époque jusqu'à la révolution américaine ; mais ce que j'ai observé dans mes voyages, c'est que de Philadelphie jusqu'au delà de Boston, c'est-à-dire, dans une étendue d'environ 600 milles, on ne trouveroit plus un seul de ces arbres propre à mâter un navire de 600 tonneaux.

L'avantage le plus marqué qu'ont les mâts de *Pinus strobus* ont sur ceux de Riga, c'est d'être incomparablement plus légers, mais ils sont moins forts et ont, à ce que l'on dit, le défaut de s'échauffer et de pourrir plus vîte à l'attache des vergues et dans l'entrepont. Voilà ce qui donne au *Pinus sylvestris* la supériorité sur le *Pinus strobus*, même dans l'opinion de la majorité des constructeurs américains ; mais quelques-uns d'entr'eux, cependant, pensent que les mâts de cette dernière espèce seroient tout aussi durables, si on avoit soin de garantir exactement leur sommet de l'humidité : c'est dans cette vue que quelques personnes, pour ajouter à leur conservation, ont imaginé de les faire percer d'un trou de plusieurs pieds à leur partie supérieure, et de boucher ce trou hermétiquement après l'avoir rempli d'une certaine quantité d'huile, qui se trouve,

dit-on, absorbée au bout de quelques mois. On se
sert encore en Angleterre du *Pinus strobus* pour faire
les vergues et les mâts de baupré des vaisseaux de
guerre.

Cet arbre n'est pas assez résineux pour qu'on puisse
en extraire de la térébenthine, et fabriquer du goudron avec son bois pour subvenir aux besoins du
commerce. Ce travail, d'ailleurs, ne seroit pas facile,
car il est rare qu'il couvre seul quelques centaines
d'arpens, étant le plus souvent mêlé, en différentes
proportions, parmi les arbres à feuilles tombantes.

Pour compléter la description du *Pinus strobus*,
je crois devoir indiquer avec plus de précision les
diverses partie des Etats-Unis d'où l'on tire aujour-
d'hui, non-seulement tout ce qui s'y consomme,
mais encore ce qui est exporté tant en Europe qu'aux
colonies des Indes occcidentales ; car cet arbre a
cela de particulier, que la grande consommation qui
s'en fait chaque année, oblige à aller faire les coupes
dans des cantons tellement reculés, qu'ils ne seront
pas habités avant vingt-cinq ou trente ans; ce qui
n'a pas lieu à l'égard des autres espèces d'arbres du
pays.

Les hommes entreprenans qui se livrent à cette
exploitation, surtout dans le District de Maine, sont
la plupart de nouveaux émigrans (*setlers*), qui ont
quitté le New-Hampshire, entraînés les uns par l'in-
constance de leur caractère, les autres par le désir
de se procurer rapidement les moyens d'acquérir une
centaine d'acres de terre, pour l'établissement de

leur famille [1]. Ces hommes se réunissent en petites bandes, se transportent en été au milieu de ces vastes solitudes, et les parcourent dans tous les sens pour reconnoître les endroits les mieux garnis de *Pinus strobus*. Ils coupent ensuite les herbes qui croissent dans les environs, et les convertissent en foin pour la nourriture des bœufs qu'ils doivent ramener avec eux ; puis ils regagnent le pays où ils habitent. L'hiver arrivé, ils reviennent dans ces forêts, s'établissent dans des huttes couvertes en écorces de Bouleau à papier ou de *Thuia occidentalis*, et quoique la terre soit alors couverte de plus d'un mètre et demi (4 à 5 pieds) de neige et que le froid soit si excessif que quelquefois le mercure se soutient pendant plusieurs semaines à 18 et 20 degrés au-dessous du point de congélation, ils se livrent, avec autant de courage que de persévérance, à l'abattage des arbres, les coupent par tronçons, *logs*, de 5 à 6 métres (14 à 18 pieds) de longueur, et au moyen de leurs bœufs, qu'ils emploient avec beaucoup d'adresse, ils les amènent aux bords des rivières, et après les avoir estampés de leur marque, ils les roulent dans leur lit qu'ils en emplissent par milliers. Au printemps, les glaces venant à se briser, ces *logs* ou tronçons sont entraînés avec elles par le courant. C'est à Wenslow, éloigné d'environ 40 lieues de la mer, que tous les tronçons qui arrivent par la rivière de Kennebeck, sont arrêtés par les bûcherons

---

[1] Les prix des terres dans les comtés de Kennebeck étoit, en 1807, époque à laquelle j'étois dans le pays, de 5 à 6 piastres l'acre.

qui s'y sont rendus à l'avance. Ils trient au moyen
de leur marque, ceux qui leur appartiennent, les
mettent en radeaux et les vendent aux propriétaires
des nombreux moulins à scie établis entre cette petite ville et la mer, ou bien ils les font débiter à leur
compte, en abandonnant la moitié ou même les
trois quarts du produit, si la coupe de la saison a
été abondante.

Au mois d'août 1806, que j'étois à Wenslow, des
milliers de ces *logs* ou tronçons couvroient encore
la rivière. Je les examinai et je remarquai que le diamètre de la plus grande partie d'entr'eux étoit d'environ 40 à 43 centimètres, (15 à 16 pouces) et que
le reste que j'évaluai à un cinquantième à peu-près,
pouvoit en avoir 50 (20). Le *Fraxinus discolor* et
le *Pinus rubra* étoient les seules espèces d'arbres
qui se trouvassent entremêlés avec le *Pinus strobus*,
mais elles n'en formoient pas la centième partie. Si
tous ces bois ne sont pas débités dans le courant de
la même année, ils sont sujets à être attaqués par
de gros vers qui les perforent dans tous les sens de
trous de 5 millimètres (2 lignes) de diamètre ; mais
s'ils sont dépouillés de leur écorce, ils peuvent rester exposés aux injures de l'air pendant plus de trente
ans sans s'altérer en aucune manière. Cette remarque
s'applique encore à la souche de cet arbre, qui résiste
aussi un laps de temps considérable aux alternatives
de la chaleur et de l'humidité ; et il est même passé
en proverbe dans ces contrées, que tel qui a abattu
un *Pinus strobus* ne vit jamais assez pour le voir

tomber en pourriture ; et, effectivement, j'ai vu au milieu de la petite ville d'Hollowell située sur la rivière de Kennebeck , plusieurs souches encore intactes, quoique les arbres d'où elles provenoient eussent été abattus depuis plus de quarante ans.

Après le District de Maine, qui, en réunissant ce qui vient à Boston du New-Hampshire par la rivière Merimack, fournit peut-être les trois quarts de tout le *Pinus strobus* exporté des États-Unis, les rives du lac Champlain m'ont paru le plus abondamment peuplées de cette espèce et assez favorablement situées pour leur écoulement. Cet écoulement a lieu dans deux directions différentes : tout ce qui s'exploite à partir de Ticonderoga et au dessous, ce qui comprend les trois quarts de la largeur du lac Champlain, qui est d'environ 150 milles, est conduit à Québec par la rivière Sorel et le fleuve S. Laurent. Cette distance est de 270 milles. Quant à ce qui s'en coupe dans la partie supérieure du lac, il vient à Skeenboroug, petite ville située à sa naissance et y est débité en planches. En hiver, ces planches sont portées sur des traîneaux à Albany, distant de 70 milles, et au printemps suivant elles sont chargées, avec tout ce que la rivière du nord fournit, sur des *sloops*, bateaux de 80 à 100 tonneaux, qui les amènent à New-York, d'où elles sont encore exportées en grande partie aux colonies occidentales et même dans les États méridionaux.

J'ai eu occasion de voir un extrait des registres de la douane du Fort S. Jean en Canada , et j'ai remarqué que la quantité de cette espèce de bois qui est passée par la rivière Sorel, depuis le 1er. mai 1807 jusqu'au 30 juillet suivant, pour se rendre à Québec y est portée ; savoir : pièces écarries, à 43,098 mètres (132,720 pieds) cubes ; planches ordinaires 51,956 mètres (160,000 pieds) ; planches d'environ 5 centimètres (2 pouces) d'épaisseur, à 21,558 mètres (67,000 pieds) ; et, en outre, 20 mâts et 4545 *logs* ou tronçons qui ont les mêmes dimensions que ceux qui sont débités dans le District de Maine.

La partie supérieure de la Pensylvanie où la Delaware et la Susquehanah prennent leur source, et qui est très-montagneuse et très-froide, quoique située entre les 41° et 42° de latitude, a ses forêts abondamment peuplées de ce Pin. Il en descend au printemps une grande quantité qui fournit à la consommation de la partie intérieure du pays et qui entre dans la construction de la plupart des maisons tant dans les villes que dans les campagnes. On en débite aussi beaucoup en planches que l'on exporte de Philadelphie aux colonies occidentales. C'est également du haut de la Delaware que viennent à Philadelphie les mâts des vaisseaux de toute grandeur que l'on construit dans ce port.

Au-delà des monts Alléghanys, c'est seulement aux sources de la rivière du même nom, éloignées de 150 à 180 milles de son embouchure dans l'Ohio, que s'exploite tout le *Pinus strobus* qui est envoyé à la Nouvelle-Orléans, dont la distance est de 2,900 milles = 399 myriamètres (900 lieues). Les trois

quarts des maisons de Pittsburgh, de Wheeling,
et de Washington en Kentucky, sont bâties en planches de ce Pin qui ne se vend à Pittsburgh que 6 à
7 dollars (30 à 35 francs) les mille pieds courans.

Quoique le District de Maine fournisse, comme
nous l'avons vu, la très-grande partie du *Pinus
strobus* destiné à être exporté, et que beaucoup de
navires s'en chargent directement de cette province
pour l'extérieur, cependant c'est la ville de Boston
qui est, principalement dans les Etats méridionaux,
l'entrepôt général de cette branche de commerce.
Les bois qui proviennent de cet arbre, s'y trouvent
dans les chantiers sous les formes suivantes :

1º. En pièces écarries de 4 à 8 mètres (12 à 25
pieds) de longueur sur différens diamètres ;

2º. En *scantling*, pièces sciées carrément au dessous de 16 centimètres (6 pouces) d'épaisseur, destinées pour chevrons ou charpente légère ;

3º. En planches qui se distinguent en *merchan-
table boards*, planches marchandes ou ordinaires,
et en *clear boards*, planches de choix. Les premières ont 2 centimètres (trois quarts de pouce)
d'épaisseur, 3 à 5 mètres (10 à 15 pieds) de longueur
et 27 à 40 centimètres (10 à 15 pouces) de largeur,
et elles sont souvent parsemées de nœuds ; on leur
donne à New-York le nom d'*Albany boards*, planches d'Albany, et leur prix est à peu près le
même dans cette ville qu'à Boston, où il varie de
8 à 10 dollars (40 à 50 francs) les mille pieds cou-

rans: les planches de choix, *clear boards*, tirées des plus gros arbres, *Pumpkin pine*, ont la même longueur et épaisseur que les premières, mais leur largeur est de 57, 64 et 80 centimètres (20, 24 et 30 pouces; elles doivent être sans aucun nœud, mais cependant on regarde comme telles celles qui n'en ont que deux qu'on puisse couvrir avec le pouce. Leur prix est de 20 à 26 dollars (100 à 125 francs) les mille pieds courans. Elles sont employées pour tous les ouvrages légers et délicats, et surtout pour les panneaux des portes et les boiseries des appartemens, ce qui leur a fait donner à Philadelphie le nom de panneaux de Pin blanc *White pine panels*;

4°. En *clap boards* espèce de planchettes longues de 1 mètre 33 centimètres (4 pieds), larges de 16 centimètres (6 pouces) et épaisses de 7 millimètres (3 lignes) d'un côté et plus minces de l'autre. On s'en sert encore dans les Etats du nord à revêtir extérieurement les maisons: on les place, pour cela, horizontalement les unes au-dessus des autres, le bord mince en dessous;

5°. En essentes ou bardeaux, *shingles*, qui ont ordinairement 48 centimètres, (18 pouces) de long sur 8 à 16 centimètres (3 à 6 pouces) de large, et à peu près 7 millimètres (3 lignes) à l'extrémité la plus épaisse. Elles sont sans aucuns nœuds et doivent être faites seulement avec le cœur de l'arbre, ces bardeaux sont mis en paquets carrés et rangés de manière que le bout le plus mince est en dedans: le tout est maintenu au moyen de deux tringles en bois placées transversalement, l'une dessus et l'autre dessous, et qui sont attachés avec deux harts. Les paquets de bardeaux sont quelquefois de 5oo, mais le plus souvent de 25o. Dans ce dernier cas, pour que le nombre s'y trouve à très-peu de chose près, ils doivent avoir 58 centimètres (22 pouces) de large et on doit compter à chaque coin 25 bardeaux. Le prix à Hollowell, au mois de juillet 1807, étoit de 3 dollars le millier. Deux hommes peuvent en faire 16 à 1800 par jour.

Toutes les maisons de la ville de Boston, ainsi que celles des autres villes et des campagnes dans les Etats à l'est de la rivière Hudson, sont couvertes avec ces essentes qui durent seulement douze à quinze ans. On en exporte encore une grande quantité dans toutes les Antilles. Dans les colonies françoises on leur donne le nom d'essentes blanches.

On peut juger par ces détails combien la consommation du bois du *Pinus strobus* est considérable dans les Etats-Unis; mais elle l'est aussi beaucoup en Europe et aux colonies occidentales. D'après un exposé des importations, des productions des Etats-Unis présenté au parlement de la Grande-Bretagne, la masse totale des bois arrivés de ce pays en Angleterre dans le courant de 1807 est estimée à 1,3o2,98o piastres ou 6,84o,66o francs. Or, je crois que le bois du *Pinus strobus* peut bien entrer pour un cinquième dans cette masse. Il se vendoit en 1808 à Liverpool, 2 sh. 7 d. sterl., environ 3 francs le pied cube ; les *planks*, planches de 5 centimètres

(2 pouces) d'épaisseur sur environ 33 centimètres (1 pied) de large, cinq sols, et les planches ordinaires, six sols. Dans un autre exposé, également officiel, sur l'importation des denrées des Etats-Unis dans les colonies angloises des Indes occidentales, pendant les années 1804, 1805 et 1806, la masse totale des bois y est portée à 115,068,000 pieds; ce qui donne environ 38,356,000 pieds pour chacune de ces trois années; et en évaluant à un tiers de cette dernière quantité celle qui est fournie par le *Pinus strobus*, elle seroit de 12,785,000 pieds, composée principalement de planches, de *scantlings* et de bardeaux.

Dans ces diverses évaluations, qui ne sont que très-approximatives, ne sont pas compris les bois de cette même espèce de Pin, qui passent directement en Angleterre de la Nouvelle-Brunswick, province limitrophe de celle du District de Maine, ni celui qui est envoyé des Etats-Unis, dans toutes les colonies occidentales qui ne dépendent pas de la Grande-Bretagne, où il s'en fait également un très-grand emploi. Mais on n'a eu seulement en vue, en entrant dans ces détails, que de donner ici une idée de la grande consommation du bois de *Pinus strobus*, ces développemens ayant paru faire naturellement partie de l'histoire de cet arbre; on a voulu aussi montrer combien sa disparition, peut-être presque totale dans un siècle, des contrées où il s'exploite aujourd'hui en si grande quantité, pèsera sensiblement sur le nord des Etats-Unis.

Les qualités précieuses du *Pinus strobus* et les nombreux usages auxquels on l'emploie, doivent engager sans doute à le propager en Europe. Il vient bien dans le centre de la France, mais je ne crois cependant pas que le climat de cette partie de l'Empire lui soit parfaitement convenable ; je pense au contraire, que c'est sur les bords du Rhin, dans les vallées des Alpes et des Pyrénées et les pays froids et humides de l'Allemagne, de la Pologne et de la Russie, que sa réussite sera la plus assurée ; car sa végétation m'a déjà paru plus belle et plus prompte dans la Belgique que dans les environs de Paris. Ce sera donc lorsqu'on renouvellera dans ces contrées les forêts de *Pinus sylvestris* et d'*Epicia*, qu'on devra y introduire le *Pinus strobus*, et qu'on pourra décider, d'après les observations qu'on sera à même de faire par la suite, si cet arbre si utile en Amérique, est susceptible d'être naturalisé avec succès dans les forêts européennes.

PLANCHE X.

Fig. 1 , *feuille. Fig.* 2 , *graine.*

Black (double) Spruce.
Abies nigra.

ABIES *NIGRA.*

THE BLACK (DOUBLE) SPRUCE.

Abies *nigra, arbor maxima; foliis undique circa ramos erectis, brevioribus, sub 4-gonis. Strobilis ovatis, pendulis, rigidis; squamis sub undulatis, apice crenulatis aut divisis.*

Cet arbre, qui appartient aux régions les plus froides de l'Amérique septentrionale, est nommé en Canada *Epinette noire* et *Epinette à la bière; Double spruce*, Sapin double, dans le District de Maine et les Etats du New-Hampshire et de Vermont; et *Black spruce*, Sapin noir, à la Nouvelle-Ecosse : mais ces deux dernières dénominations sont connues des habitans de ces différens pays : seulement chacune d'elles est d'un usage plus général dans ceux que j'ai particulièrement indiqués. J'ai cru cependant devoir préférer le nom de *Black spruce*, Sapin noir, qui m'a paru rappeler un caractère plus frappant et qui, d'ailleurs, se trouve en opposition marquée avec celui de l'espèce suivante connue dans le pays sous le nom de *White spruce*, Sapin blanc : on désigne encore quelquefois l'*Abies nigra* sous le nom de *Red spruce*, Sapin rouge, par suite de l'influence que certaines localités exercent sur la qualité de son bois. Jusqu'à présent on a même regardé cette variété comme une espèce distincte , ce qui n'est pas fondé ainsi que je le prouverai dans la suite de cet article.

Les contrées où l'*Abies nigra* est le plus abondant, sont renfermées entre les 44° et 53° de latitude septentrionale et les 55° et 75° de longitude occidentale, ce qui comprend le Bas-Canada, Terre-Neuve, la Nouvelle - Brunswick et la Nouvelle - Ecosse qui appartiennent à la Grande-Bretagne ; le District de Maine, l'Etat de Vermont et la partie supérieure du New-Hampshire, dépendant des Etats-Unis. Ce Sapin est tellement multiplié dans ces différentes contrées, que souvent il forme un tiers de la masse non-interrompue des forêts qui les couvrent encore ; mais, sous une latitude plus méridionale, on ne le voit guère que sur le sommet des monts Alléghanys qui offrent des sites froids et humides, et notamment dans un marais d'une grande étendue, peu éloignée de Wilkesburry dans la Pensylvanie, ainsi que sur la Montagne Noire, dans la Caroline du nord , une des plus hautes des Etats méridionaux, et qui a probablement reçu son nom de l'aspect sombre qu'elle a dans l'éloignement et qu'elle doit à la couleur foncée du feuillage de l'*Abies nigra* : on le rencontre encore quelquefois aux environs de New-York et de Philadelphie dans les *swamps* ou marais de *Cupressus thuyoïdes ;* mais dans ces terreins qui sont constamment bourbeux, et quelquefois submergés une partie de l'année, cet arbre vient mal et ne s'élève qu'à une très-petite hauteur.

Les feuilles de l'*Abies nigra* sont d'un vert sombre et triste , longues d'environ 9 millimètres (4 lignes), roides, très-nombreuses et très-rapprochées les unes des autres, et attachées isolément sur toute la surface des branches. C'est aux extrémités des rameaux les plus élevés que viennent les fleurs , auxquelles succèdent de petits cônes ovales, rougeâtres , et dont la pointe est tournée vers la terre ; leur longueur varie depuis 18 millimètres (8 lignes) jusqu'à un peu plus de 5 centimètres (2 pouces). Ces cônes sont composés d'écailles minces , légèrement crénelées à leur base , et dont quelques-unes sont souvent fendues jusqu'à moitié , dans les arbres les plus vigoureux , dont les fruits sont aussi les plus gros ; ils ne sont en maturité qu'à la fin de l'automne ; alors ils s'ouvrent pour laisser échapper leurs graines qui sont petites , légères , et que les vents emportent au loin , au moyen d'une aile dont elles sont surmontées.

Les parties de l'Amérique septentrionale que j'ai indiquées comme celles où ce Sapin abonde le plus, sont fréquemment entrecoupées de collines plus ou moins élevées. C'est dans les vallons formés par ces collines dont le sol est humide, noir , profond et couvert d'un lit très épais de mousse, que se trouvent les plus belles forêts d'*Abies nigra* où les arbres sont tellement rapprochés qu'il n'y a entr'eux qu'une distance de 15 , 12 décimètres et même 1 mèt. (5, 4 et 3 pieds.) Cependant, ce peu d'intervalle ne nuit point à leur croissance, car ils y parviennent à leur plus grand développement, qui est de 25 à 30 mètres

(70 à 80 pieds) sur 40, 48 et 54 centimètres (15, 18 et 20 pouces) de diamètre. Leur sommet présente une pyramide très-régulière, qui donne à cet arbre une fort belle apparence lorsqu'il se trouve isolé. Cette forme agréable est due principalement à l'arrangement symétrique des ses branches qui s'étendent horizontalement et ne sont pas inclinées vers la terre, comme dans l'*Abies picea* d'Europe qui est le véritable *Norway pine*, Pin de Norwège des Anglois, dont l'aspect est beaucoup plus triste, pour ne pas dire très-lugubre.

Le tronc de l'*Abies nigra*, recouvert d'une écorce unie et non crevassée profondément comme celle des Pins, est encore remarquable par la perpendicularité de son ascension, et par la régularité avec laquelle il diminue de grosseur depuis le pied jusqu'au sommet qui est terminé par la pousse de l'année, dont la longueur est de 30 à 40 centimètres (12 à 15 pouces). On trouve encore cet arbre dans ces mêmes pays, sur le penchant des montagnes, dont le sol très-pierreux et peu humide, n'est recouvert que d'un léger lit de mousse; mais ces terreins étant moins favorables à sa végétation, sa croissance n'y est pas aussi belle, et il n'acquiert pas la même élévation. C'est ce qu'on observe également dans d'autres cantons désignés sous le nom de *poor black lands*, crû d'essence noire des terreins maigres. Les individus qui viennent dans ces sortes de terreins ont les feuilles plus courtes, plus épaisses, et d'un vert encore plus obscur. Leurs cônes sont aussi de moitié moins gros, mais en tout semblables aux autres pour la forme, et ils s'ouvrent à la même époque pour laisser échapper leurs graines.

La plupart du temps, et j'aurai plusieurs fois l'occasion d'en faire l'observation, les habitans des campagnes et les ouvriers en bois ne remarquent dans les arbres forestiers que quelques apparences qui les frappent, telles surtout que les qualités intrinsèques de leur bois, sa couleur et celle de l'écorce, et, comme d'ailleurs ils ne connoissent pas les caractères botaniques qui différencient les espèces, ils donnent souvent aux mêmes arbres différens noms, tirés des qualités qui sont à leur portée et qui peuvent varier suivant le terrein où ils croissent, sans s'embarrasser aucunement si ce sont des espèces distinctes ou de simples variétés. C'est donc aux différences assez notables qui existent dans l'*Abies nigra* suivant le sol où on le trouve, qu'il faut attribuer la distinction que les habitans en ont faite en Sapin noir et en Sapin rouge : *Black* and *Red spruce.* C'est aussi d'après la grosseur véritablement remarquable des cônes de la dernière variété qui ont été envoyés en Angleterre, ainsi que sur des renseignemens inexacts qui lui ont été fournis, que *Sir* A. B. Lambert s'est décidé, non pas, il est vrai, sans quelques doutes, à la décrire et à la figurer sous le nom d'*Abies rubra*. Il la présente encore comme inférieure, à tous égards, à l'autre variété, à laquelle il conserve le nom d'*Abies nigra*, tandis qu'au contraire, d'après ce que j'ai observé dans le pays même, c'est dans celle nommée Sapin rouge que se trouvent réunies au plus haut degré, toutes les qualités qui font rechercher cette espèce de Sapin pour certains usages déterminés. M. Lambert eût été probablement confirmé dans son opinion que le Sapin rouge étoit une espèce distincte du Sapin noir, si on lui eût présenté des échantillons tirés du cœur de ces deux variétés ; car, dans le Sapin noir, le bois est très-blanc, tandis qu'il a réellement une teinte rougeâtre dans le Sapin rouge : cette différence de couleur dans le bois qui a lieu quelquefois dans les arbres d'une même espèce, ne peut provenir, je le répéte, que de la différence des terreins dans lesquels ils croissent, car on ne doit pas douter non plus que le sol n'ait une influence marquée sur les qualités du bois.

La force, l'élasticité et la légèreté, sont les qualités importantes que possède l'*Abies nigra*, et, d'après ce qu'a écrit Josselyn dans son histoire de la Nouvelle-Angleterre, publiée à Londres en 1672, ces qualités le faisoient regarder dès-lors comme « fournissant les meilleurs mâts de hune et les meilleures vergues qui fussent au monde ». Quoique ces propriétés soient communes aux deux variétés, cependant, d'après le rapport des habitans, elles sont, comme nous l'avons dit, principalement rassemblées dans le Sapin rouge qui a encore l'avantage de fournir des pièces d'une bien plus grande dimension ; car, le Sapin noir croissant dans un sol inférieur en qualité, ne parvient qu'à une moindre élévation, et son bois est moins souple et beaucoup plus sujet à être tors.

Dans les chantiers de constructions navales de tous les ports des Etats-Unis, les vergues sont presque toujours faites en *Abies nigra* qui sont importés du District de Maine. On en exporte aussi pour le même objet une grande quantité aux colonies occidentales et à Liverpool , tant de cette même partie des Etats-Unis que de la Nouvelle-Brunswick et de la Nouvelle-Ecosse.

Oddy, dans son ouvrage intitulé : *On European Commerce* , dit qu'on le préfère en Angleterre au Pin de Norwège (*Abies picea*), parce qu'il est doué de plus de force ; mais, comme il ne peut donner des pièces d'une aussi forte dimension, on ne peut l'employer, comme ce dernier , pour en faire les vergues des vaisseaux de guerre , pour lesquels on se sert souvent encore du *Pinus strobus*.

Dans le District de Maine, et même quelquefois à Boston, où le chêne devient très-rare, on fait très-fréquemment en *Abies nigra* les genoux (*knees*), pièces de bois destinées principalement à soutenir le pont des navires. Ces morceaux, lorsqu'ils sont en chêne, sont ordinairement formés de deux branches unies à leur base ; mais ceux faits de cet arbre sont taillés aux dépens d'une portion de la base du tronc et d'une des plus grosses racines. Ce sapin est après le chêne et le mélèze, qui est aussi assez rare dans ces contrées, l'espèce de bois la plus propre à cet usage , à cause de sa force et de sa durée.

Dans le District de Maine et même à Boston, l'*Abies nigra* est fréquemment employé pour solives, dans la bâtisse des maisons, et on le préfère aujourd'hui pour cet objet à l'*Abies canadensis* qu'on regardoit autrefois comme meilleur. Quelques personnes s'en servent encore pour faire les planchers, parce que son grain est plus ferme, et qu'il résiste mieux au frottement et à la pression des meubles, dont les pieds endommagent ceux faits en *Pinus strobus*, surtout dans les appartemens où il n'y a pas de tapis. Cependant, il a pour cet usage particulier, l'inconvénient que ses planches sont sujettes à se fendre dans leur milieu, et qu'elles présentent alors des gerçures désagréables.

Dans toutes ces contrées, et notamment dans le District de Maine et la Nouvelle-Brunswick, on débite beaucoup d'*Abies nigra* en planches d'une belle largeur qui se vendent 25 pour cent meilleur marché que celles de *Pinus strobus*. Je ne doute pas qu'il ne fournisse long-temps et abondamment aux besoins du commerce ; car, il est dans mon opinion cent fois plus commun que l'arbre précité. Ces planches s'exportent dans les colonies occidentales et en Angleterre. Il en vient, m'a-t-on dit, une bonne partie à Birmingham et à Manchester, et l'on s'en sert dans ces deux villes célèbres par leurs manufactures, pour faire les caisses d'emballage. On en fait, dans la Nouvelle-Ecosse, des barils employés à mettre le poisson salé, et pour cela, on choisit de préférence la variété dite Sapin rouge, dont le bois est plus facile à travailler et se fend de droit fil, ce qui est évidemment dû à l'influence du sol. L'*Abies nigra* n'est pas assez résineux pour qu'on puisse en obtenir de la térébenthine en quantité suffisante pour le commerce : aussi, ne cherche-t-on pas à en extraire sous ce point de vue. Son bois paroît contenir beaucoup d'air, car il pétille au feu pour le moins autant que celui du châtaignier.

C'est avec les jeunes branches de l'*Abies nigra* et préférablement avec celle de la variété dite *Black spruce*, Sapinette noire, qu'on fabrique la bière connue sous le nom de bière de spruce, *spruce beer*. On les fait bouillir dans l'eau, et l'on ajoute ensuite une certaine quantité de mélasse ou de sucre d'érable, on laisse fermenter le tout, et on obtient ainsi cette liqueur salutaire et très-utile dans les voyages de long cours, pour prévenir le scorbut. L'essence de spruce, épaissie jusqu'à la consistance d'extrait, est également le résultat de l'évaporation de l'eau dans laquelle on a fait bouillir long-temps des sommités des jeunes branches de cet arbre. Comme je n'ai pas été témoin de cette dernière opération, je ne me permettrai pas d'entrer dans de plus longs détails; mais j'ai vu bien des fois, fabriquer la bière dans les campagnes, tant à Halifax que dans le District de Maine, et je puis assurer qu'elle n'est pas faite avec l'*Abies alba*, comme l'avance *Sir* A. B. Lambert.

S'il a été bien reconnu en Angleterre que le bois de cet arbre est préférable à celui de l'*Abies picea* il sera utile, sans doute de le propager dans l'ancien

continent; mais, je pense qu'il ne réussira complètement que dans les contrées les plus froides et les
plus humides du nord de l'Europe, et encore dans
quelques parties des Alpes, des Pyrénées et des
montagnes d'Ecosse

PLANCHE XI.

Fig. 1, feuille. Fig. 2, graine.

Beesa del.

L. Bosquet sc.

White (Single) Spruce.
Abies alba

ABIES *ALBA.*

ABIES *alba, arbor 45-50 pedalis, foliis subglaucis undique circa ramos erectis, tetragonis, subpungentibus.
Strobilis oblongo-cylindraceis, pendulis, laxis, squamis
margine integerrimis.*

CETTE espèce de sapin, originaire des mêmes pays
que la précédente, est nommée en Canada Epinette
blanche; à la Nouvelle-Ecosse *White spruce*, Sapin
blanc; et *Single spruce*, Sapin simple, à la Nouvelle Brunswick et dans le District de Maine; cependant ces deux dénominations, comme celles
données à l'*Abies nigra*, sont généralement connues
dans toutes ces contrées, et sont seulement plus
usitées l'une que l'autre, suivant les différentes provinces, c'est pourquoi j'ai pu choisir celle de *White
spruce*, Sapin blanc, que j'ai regardée comme préférable.

Il paroît que cet arbre ne commence, en venant
du nord au midi, que quelques degrés plus au sud
que l'*Abies nigra*, car mon père, suivant ses notes,
ne l'a observé pour la première fois que vers le lac
S. Jean en Canada, situé entre les 43° et 44° de latitude. Il est beaucoup moins commun que l'*Abies
nigra* dans le District de Maine, du moins dans les
cantons que j'ai parcourus. La remarque en est facile

à faire, surtout en observant les jeunes individus qui sont isolés ; car, quoique les feuilles de ces deux sapins soient également implantées autour des branches, elles présentent des caractères différens qui les font distinguer au premier aspect. Dans l'*Abies alba*, elles sont proportionnellement moins nombreuses, plus longues, plus écartées de la tige, et elles sont terminées par une pointe plus aigüe ; mais la différence la plus remarquable, quoique celle que je viens d'indiquer le soit sensiblement, c'est leur couleur d'un vert pâle et comme bleuâtre, qui lui a fait sans doute donner le nom de Sapin blanc, comme celui de Sapin noir a été donné à celle précédemment décrite, à cause de la couleur sombre de son feuillage.

Les cônes de l'*Abies alba* sont aussi bien différens, car ils ont la forme d'un ovale très-allongé et leur largeur est de près de 5 centimètres (2 pouces) sur 16 à 18 millimètres (6 à 8 lignes) de diamètre à leur partie moyenne. Cependant ces dimensions varient suivant que l'arbre est plus ou moins vigoureux mais la forme ne change jamais. Les écailles sont minces, et leurs bords ne sont point échancrés, ni même ondulés comme dans l'*Abies nigra*. Ils en diffèrent encore en ce qu'ils sont en maturité un mois plutôt et que les graines sont un peu plus petites.

L'*Abies alba* croît à peu près dans les mêmes sites que l'*Abies nigra*, mais il s'élève moins ; car, quoique sa tige soit plus effilée, sa hauteur excède rarement 16 mètres (5o pieds) sur 3o à 4o centimètres

(12 à 16 pouces) de diamètre , à 97 centimètres (3 pieds) de terre.

Son sommet, comme celui de l'*Abies nigra*, a la forme d'une pyramide très-régulière mais il est moins garni de branches , et par conséquent ne paroît pas aussi touffu. La couleur de son écorce n'est pas non plus aussi rembrunie , et cette différence est encore plus sensible , lorsqu'on compare les jeunes branches des deux espèces.

Le bois de l'*Abies alba* est employé aux mêmes usages que celui de l'*Abies nigra*, mais il lui est inférieur en qualité. Il pétille davantage au feu. L'expérience a appris cependant, que les fibres de ses racines sont douées de beaucoup de flexiblité et de force, lorsqu'on les a fait macérer dans l'eau. On les prive , par cette opération, de la pellicule qui les enveloppe, et l'on s'en sert en Canada pour coudre ensemble les morceaux d'écorce de bouleau dont on construit des canots. Les coutures sont ensuite recouvertes ou frottées avec la résine qui découle de cet arbre, et à laquelle on donne improprement le nom de gomme.

Sir A. B. Lambert dit que son écorce est employée pour tanner les cuirs. Il est possible que cela ait lieu à Terre-Neuve ou dans le Bas-Canada, où je n'ai pas voyagé, quoique j'aie quelques raisons d'en douter ; mais ce que je puis assurer, c'est qu'on ne s'en sert pas pour cet usage dans tout le District de Maine et dans les provinces de la Nouvelle-Brunswick et de la Nouvelle-Ecosse. Je puis également affirmer, et je l'ai déjà dit dans l'article précédent, que ce n'est pas avec les rameaux de cette espèce que se fabrique la bière de spruce, puisqu'au contraire, on évite soigneusement de s'en servir, parce que lorsque ses feuilles sont froissées elles répandent une odeur forte et désagréable qui se communique, dit-on, à la liqueur.

Cet arbre, beaucoup plus répandu en France que l'espèce précédente, est élégant dans sa jeunesse, et le joli effet qu'il produit le fait très-rechercher en Europe pour l'embellissement des parcs et des jardins, où son feuillage contraste agréablement avec celui des autres espèces dont la teinte est plus foncée.

Les pépiniéristes en France et en Allemagne, à qui il convient de multiplier les variétés, distinguent l'*Abies alba* en Sapinette blanche ou argentée et en Sapinette bleue.

PLANCHE XII.

Fig. 1, *feuille. Fig.* 2, *graine.*

Henry Redouté del.

Hemlock Spruce.
Abies canadensis.

ABIES *CANADENSIS.*

THE HEMLOCK SPRUCE.

Abies *canadensis , arbor maxima , ramis gracilibus , ramulis novellis villosissimis ; foliis solitariis , planis , subditichis ; strobilis terminalibus , minimis , cylindraceo-ovatis , despicientibus.*

Cet arbre est connu, dans tous les Etats-Unis, sous le seul nom d'*Hemlock spruce*, et des Français du Canada, sous celui de *Pérusse*. Cette espèce de Sapin, dont l'analogue ne se trouve pas dans l'ancien continent, est une de celles qui appartiennent aux régions les plus froides du Nouveau-Monde, car elle commence à croître aux environs de la baie d'Hudson, latitude 51°; mais vers le lac Saint-Jean, et près de Québec, elle remplit déjà les forêts. Dans la Nouvelle-Ecosse, la Nouvelle-Brunswick, le District de Maine, l'Etat de Vermont et la partie supérieure du New-Hampshire, où je l'ai observée, elle forme quelquefois à elle seule les trois quarts de l'essence noire ou résineuse qu'elle compose avec l'*Abies nigra*, *Black spruce*. En avançant plus au midi, cet arbre devient moins commun, et dans les Etats du milieu et du sud, il se trouve confiné aux Monts-Alléghanys, ainsi qu'aux chaînons qui en dépendent, et encore ne le trouve-t-on toujours que sur les bords des torrens et aux expositions les plus fraîches et aux endroits les plus obscurs.

Dans les diverses contrées que je viens d'indiquer au nord et à l'est de l'Etat de Massachusetts, qui embrassent, sans y comprendre le Canada, une étendue de plus de 1,100 kilom. (250 lieues) en longueur, sur près de 350 (80 lieues) en largeur, l'essence noire ou résineuse occupe constamment la partie la plus déclive des collines, et elle constitue presque la moitié des vastes forêts qui couvrent d'une manière non-interrompue tous ces pays. On peut donc juger, d'après cela, combien l'*Hemlock spruce* est abondant dans le nord des Etats-Unis.

Les situations très-humides ne sont cependant pas celles qui paroissent le mieux convenir à sa végétation, car j'ai constamment observé que, lorsqu'il se trouve mêlé avec l'*Abies nigra*, *Black spruce*, il est moins abondant à proportion que le sol est plus humide. J'ai encore vu souvent cet arbre croître parmi les Hêtres et les Erables à sucre, dans un sol très-favorable à la culture du froment, et y acquérir un grand développement.

L'Hemlock spruce, toujours plus élevé et plus gros que l'*Abies nigra*, *Black spruce*, atteint environ 23 à 25 mètres (70 à 80 pieds) de haut, sur 2 à 3 mètres (6 à 9 pieds) de circonférence, conservant le même diamètre dans les deux tiers de sa hauteur ; cependant, si on peut juger assez exactement de la croissance des arbres et de leur longévité, par le nombre des couches concentriques et leurs rapprochemens, celui-ci doit être bien des années, peut-être même deux siècles, pour acquérir de pareilles dimensions, car ces couches sont très-nombreuses et très-rapprochées.

Les feuilles de l'Hemlock spruce sont longues de 14 à 18 millimètres (6 à 8 lignes), aplaties, très-nombreuses, disposées irrégulièrement sur deux rangs, et velues à l'époque de leur développement. Ses cônes, un peu plus longs que les feuilles, sont de forme ovale, pendans et situés à l'extrémité des rameaux. Lorsque cet arbre croît dans un terrain qui lui est favorable, il présente dans sa jeunesse, et jusqu'à ce qu'il ait atteint 8 à 10 mètres (25 à 30 pieds) de hauteur, une forme élégante et agréable qu'il doit à la disposition symétrique de ses branches et à son feuillage bien fourni : il peut alors être considéré comme un arbre d'ornement et employé avec avantage dans les jardins paysagistes. Lorsqu'au contraire il est arrivé à son entier développement, ses grosses branches, le plus souvent cassées à un mètre et demi (4 à 5 pieds) de leur naissance, et desséchées à leurs extrémités, sont comme autant de chicots qui se laissent apercevoir au dehors, et ne sont plus garnies que de petits rameaux. Dans cet état qui le fait reconnoître au premier abord, il a un aspect peu agréable, et quoique souvent dans toute sa force, il offre l'image de la décrépitude. Ce défaut particulier est attribué à ce que les branches secondaires, toujours placées horizontalement et garnies d'un feuillage touffu et serré retiennent la neige, et s'en surchargent à un tel point, qu'elles finissent par céder au poids et se briser;

accident qui n'a pas lieu dans les jeunes individus, à cause de leur flexibilité. Les bois sont encore remplis d'Hemlock spruce morts, soit qu'ils aient été piqués d'une espèce d'insecte qui s'attache de préférence au genre des Pins, soit par d'autres causes que j'ignore. Cette multitude d'arbres morts et couverts de mousse, qui, dit-on, restent dans cet état vingt à trente ans sans tomber, contribuent beaucoup à déparer les forêts de cette partie des Etats-Unis, et à leur donner une apparence, triste et lugubre.

L'*Hemlock spruce* offre une singularité que je n'ai remarquée dans aucun autre arbre de l'Amérique septentrionale; c'est de ne s'élever quelquefois qu'à 60 et 80 centimètres (24 à 30 pouces) de hauteur. Dans cet état, il affecte une forme pyramidale ou à peu près, et ses rameaux touffus et serrés ont une tendance plutôt à s'abaisser et à s'appliquer contre la surface de la terre qu'à s'élever. Cette disposition naturelle et assez remarquable peut le rendre propre à faire des charmilles ou à décorer les jardins à l'instar de l'if, ayant l'avantage de croître plus rapidement, d'avoir une verdure plus gaie, et de souffrir également le ciseau. C'est à peu de distance de York, Court-House, entre Portland et Portsmouth, dans un endroit découvert, où est le sec et pierreux, que j'ai fait cette remarque.

Malheureusement les qualités du bois de l'Hemlock spruce ne répondent pas à son abondance, car de tous les grands arbres résineux de l'Amérique septentrionale, c'est, sous ce rapport, celui qui est le moins appréciable ; heureusement ce désavantage qui feroit regretter de le voir occuper, d'une manière si étendue, la place d'arbres réellement utiles, est compensé par une propriété bien précieuse pour les pays où il croît, c'est que son écorce peut servir au tannage des cuirs, propriété dont je parlerai dans la suite de cet article.

On estime en général le bois qui se fend de droit fil , ce qui est dû à la direction verticale des fibres ligneuses ; dans l'*Hemlock spruce*, au contraire, ces fibres se dirigent d'une manière tellement oblique, que dans un individu de 3o à 4o centimètres (12 à 15 pouces) de diamètre, les mêmes reparoissent à 1 ½ à 2 mètres (5 à 6 pieds) de haut. Outre ce défaut, qui est assez essentiel et qui s'oppose à ce qu'on puisse le fendre aisément pour servir à la clôture des champs , les vieux arbres en ont un autre ; c'est qu'ils sont fréquemment *ébranlés, shaky* , c'est-à-dire qu'ils ont d'espace en espace les couches concentriques désunies, ce qui ôte à ce bois beaucoup de sa force. Ce défaut de l'Hemlock spruce est attribué de ce qu'étant beaucoup plus élevé que les autres arbres avec lesquels il croît, sa cîme, large et touffue, donne plus de prise aux vents dont il est tourmenté. On a encore reconnu que son bois ne peut être employé à l'extérieur, dans la construction des édifices , attendu qu'il pourrit promptement exposé aux imtempéries des saisons ; inconvéniens très-graves dans un pays où presque toutes les maisons sont en bois. Cependant, comme le *Pinus strobus , White pine* , devient tous les jours plus rare et plus cher, on lui substitue, le plus qu'on peut, l'*Hemlock spruce* qui n'a sur ce dernier que deux avantages d'être très-commun et de tenir mieux les clous ; son grain, quoique grossier, est aussi plus ferme, et résiste davantage à l'impression des corps étrangers ; ainsi, dans le District de Maine, on en fait fréquemment les aires de granges, en le débitant en planches d'environ 5 centimètres (2 pouces) d'épaisseur ; mais ce à quoi il est le plus employé, et ce qui en consomme une assez grande quantité dans les Etats du nord, c'est parce qu'il sert à former la première enveloppe des maisons en bois, qu'on recouvre ensuite en *clapbaards*, petites planchettes de *Pinus strobus*, *White pine*. Lorsqu'on veut économiser, on en fait encore la charpente de l'intérieur des édifices, parce qu'il a été reconnu que le bois de l'*Hemlock spruce*, à l'abri de l'humidité, est aussi durable que celui de tout autre sorte. Toutes les lattes, pour le plâtrage des appartemens, sont encore faits de ce bois, et on en fait même passer en Angleterre pour cet usage. Dans le District de Maine on en fait assez généralement les pieux destinés à la clôture des champs : employé de cette manière, il dure environ quinze ans, et à cet égard, il est préférable au Chêne gris, *Q. ambigua*, et au Chêne rouge, *Q. rubra*. Cet arbre est très-peu résineux, car je n'ai jamais trouvé qu'une très-petite quantité de térébenthine aux endroits où d'assez grands lambeaux d'écorce avoient été enlevés depuis assez long-temps.

L'écorce de l'*Hemlock spruce* possède, comme je l'ai annoncé, une propriété bien précieuse pour les Etats du Nord, ainsi que pour le Bas-Canada, la Nouvelle-Brunswick et la Nouvelle-Ecosse. C'est de remplacer dans le tannage des cuirs celle de Chêne qui est très-rare dans toutes les contrées où j'ai dit que cet arbre étoit si abondant. On lève cette écorce au mois de juin, et avant de la passer au moulin, on ôte avec une plane la moitié de son épiderme. Du District de Maine elle est exportée à Boston, à New-Providence, et dans les autres parties des Etats septentrionaux qui sont le plus habités, et où elle est presque exclusivement employée dans les tanneries. Il en vient aussi à New-York du haut de la rivière Hudson, et quelquefois on en importe à Baltimore. Sa couleur qui est d'un rouge assez foncé, se communique au cuir que l'on prépare avec elle. Plusieurs tanneurs que j'ai consultés, et qui sont dans l'usage de se servir de l'écorce de l'Hemlock spruce et de celle de Chêne, pensent que cette dernière est préférable, mais qu'en les mêlant ensemble, on fait de meilleur cuir que si elles sont employées séparément. De la Nouvelle-Ecosse et du nord des Etats-Unis on a exporté pendant quelque temps de l'écorce d'Hemlock spruce en Angleterre; mais ce commerce a cessé faute de demandes. On dit que les Indiens s'en servent pour teindre en rouge leurs paniers légers, faits en Erable rouge.

On possède dans beaucoup de jardins en France, en Allemagne et en Angleterre des *Hemlock spruce* qui donnent des graines ; mais généralement en France il vient assez mal, parce qu'il est presque toujours placé dans des situations trop découvertes et trop sèches.

D'après la description de cet arbre, on voit que son bois ne possède aucune des qualités qui puissent déterminer à le propager dans les forêts Européennes, et que si son écorce est précieuse dans le nord de l'Amérique, pour le tannage des cuirs, elle est inférieure à celle de Chêne. La figure que *Sir* A. B. Lambert à donnée est très-bonne ; mais dans la description de quelques lignes qui y est jointe, cet auteur est dans l'erreur à certains égards, et il est sur-tout assez remarquable qu'il n'ait point parlé de la propriété dont jouit son écorce.

PLANCHE XIII.

Fig. 1 , *cône. Fig.* 2 , *graine.*

American Silver Fir. or Balm of Gilead Fir.
Abies balsamifera.

ABIES *BALSAMIFERA*.

THE AMERICAN SYLVIR FIR.

A B I E S *balsamifera, arbor 40-45 pedalis, foliis solitariis, planis, subtus argenteis, apice emarginatis integrisve, sub recurvo-patentissimis; strobilis cylindraceis, violaceis, sursùm spectantibus.*

C E T arbre, qui appartient aux régions les plus froides de l'Amérique du nord, est connu dans la partie la plus septentrionale des Etats-Unis, ainsi qu'en Canada et à la Nouvelle-Ecosse, sous les noms de *Sylvir fir*, Sapin argenté, de *Fir balsam*, Sapin baumier, et de *Balsam of Gilead*, Baumier de Gilead. De ces différentes dénominations, la première m'a paru la plus convenable, et je l'ai conservée. D'après les observations faites, soit par MM. Titus Smith, botanistes très-recommandables que j'ai connus à Halifax, et qui ont voyagé dans la Nouvelle-Ecosse, soit par mon père qui a visité tout le Canada, soit par moi-même qui ai parcouru le nord des Etats-Unis, il résulte qu'on ne trouve pas dans toutes ces contrées le Baumier de Gilead en corps de forêts, mais qu'il y est seulement disséminé plus ou moins abondamment parmi les *Abies nigra* et les *Abies canadensis*, qui à eux seuls constituent plus des deux tiers de l'essence noire ou du cru résineux. Plus au sud, le Sapin argenté ne se rencontre que sur l'extrême sommet des Monts-Alléghanys, et notamment sur les plus hautes montagnes de la Caroline septentrionale. Sa hauteur excède rarement 13 mètres (40 pieds), sur un diamètre de douze à quinze pouces, dimensions sur lesquelles je me trouve aussi d'accord avec les personnes précitées ; c'est donc à tort que Wanghenhiem qui n'a pas voyagé dans les pays qu'on peut, en quelque manière, regarder comme la patrie de cet arbre, et cité par *Sir* A. B. Lambert, avance qu'il parvient à une très-grande élévation. Son tronc est très-effilé, et à un tel point, qu'un individu de 33 centimètres (1 pied) de diamètre, à fleur de terre, n'en a tout au plus que 16 à 18 centimètres (7 à 8 pouces) à 2 mètres (6 pieds) de haut. Toutes les fois que l'*Abies balsamifera* croît isolément, et que sa végétation n'est pas contrariée, ses branches, qui sont très-nombreuses et garnies d'un feuillage bien fourni, offrent dans leur ensemble une forme pyramidale d'une régularité parfaite, due à la manière uniforme et symétrique avec laquelle elles diminuent graduellement de longueur, à mesure qu'elles prennent naissance à une plus grande élévation. Ses feuilles, longues de six à huit lignes, solitaires ou implantées une à une aux côtés des rameaux et à leur partie supérieure, sont linéaires, roides et aplaties ; leur face supérieure est d'un beau vert luisant et l'inférieure d'un blanc argentin, d'où lui est venu vraisemblablement le nom de *Sylvir fir*, Sapin argenté.

Les cônes de l'*Abies balsamifera* ont une forme presque cylindrique, 10 à 12 centimètres (4 à 5

pouces) de longueur, sur environ trois centimètres
(un pouce) de diamètre, et leur pointe est toujours dirigée vers le ciel ; caractère qui lui est commun avec l'*Abies taxifolia* d'Europe, et qui les
différencie des Epicias *spruces* chez lesquels cette
pointe est dirigée en bas. Le bois de l'Abies balsamifera est léger et peu résineux, la couleur du cœur
est jaunâtre. Dans le district de Maine, où il est
plus commun que dans aucune autre partie des
États-Unis, il n'est pas employé, soit à cause de son
peu de force, soit parce qu'il ne fournit pas de pièces
d'une grande dimension. Cependant, j'ai su de
MM. Titus Smith, que quelquefois à la Nouvelle-
Écosse on en fait des douves pour les barils à
poisson ; mais on lui préfère communément,
pour cet usage, le *Pinus strobus* et la variété de
l'*Abies nigra*, désignée dans ce pays sous le nom de
Sapin rouge. Je ne crois donc pas que, sous ce rapport, il mérite de fixer l'attention des habitans
du nord de l'Europe, qui, dans son analogue,
l'*Abies taxifolia*, possède un arbre bien supérieur
par ses usages et par sa grande élévation ; car, suivant M. Bugsdorf, grand forestier du royaume de
Prusse, celui-ci parvient quelquefois à 56 mètres
(150 pieds) de hauteur, sur à peu près 2 mètres
(6 pieds) de diamètre.

Dans les Pins, la substance résineuse est extraite au moyen d'une incision faite au corps de
l'arbre, d'où elle transsude à travers les pores de
l'écorce et les canaux séveux de l'aubier. Dans

l'*Abies balsamifera*, et dans l'*Abies taxifolia* cette substance est naturellement déposée dans des vésicules ou de petites poches, répandues sur le tronc et les principales branches, et c'est en crevant ces tumeurs, qui font assez saillies pour être aperçues, qu'on recueille ce qui en découle, au moyen d'un entonnoir adapté à une bouteille. La quantité de térébenthine, ainsi obtenue annuellement de l'*Abies balsamifera*, en Canada, dans le District de Maine et les pays adjacens, se réduit à quelques centaines de bouteilles qu'on exporte en Angleterre et dans le reste des Etats-Unis où elle est vendue sous le nom de baume de Gilead, quoique bien des personnes n'ignorent point que le véritable baume de Gilead soit le produit de l'*Amyris gileadensis*, arbre très-différent, et qui est originaire d'Asie; mais d'après quelques ressemblances qu'on aura peut-être cru trouver dans l'odeur et la saveur de ces deux substances, on aura donné à la térébenthine de l'*Abies balsamifera* le nom de ce baume. La térébenthine de cet arbre, fraîchement extraite, est d'une couleur verdâtre, fluide et très-transparente; sa saveur est âcre et pénétrante; donnée inconsidérément, elle produit des ardeurs d'urines; appliquée sur les plaies, elle excite de l'inflammation et occasionne beaucoup de souffrances. Cette substance a été surtout préconisée en Angleterre, où quelques médecins en recommande l'usage dans certains périodes de la phthisie pulmonaire, et alors on la préfère à la térébenthine de l'*Abies taxifolia*, qui se récolte à peu près de la même manière en Suisse, et dans quelques cantons de l'Allemagne.

Le Baumier de Gilead, cultivé depuis long-temps en Europe, doit être réservé pour l'embellissement des parcs et des jardins d'agrémens, où sa forme régulière et son feuillage très-agréable lui assignent une des premières places parmi les arbres verts.

PLANCHE XIV.

Fig. 1, *cône. Fig.* 2, *graine.*

LES NOYERS.

Pₐʀₘᵢ le grand nombre d'arbres différens qui composent les vastes forêts de l'Amérique septentrionale à l'est du Mississipi, les Noyers sont, après les Chênes, un des genres d'arbre dont les espèces sont le plus variées. Sous ce seul rapport, le sol des États-Unis est plus favorisé que l'Europe entière, où il n'en existe aucune qui lui soit indigène; car l'on sait généralement que celle qu'on y cultive avec tant d'avantage pour les besoins de la société, est originaire d'Asie, et notamment des bords de la mer Caspienne, où mon père la trouva en abondance dans un voyage qu'il fit en Perse, en 1782. J'ai reconnu dans les États - Unis dix espèces de Noyers, il est même assez probable qu'on en découvrira quelques autres dans la Louisiane. C'est donc aux personnes qui voyageront dans ces contrées pour en étudier les productions naturelles, à diriger leur attention vers cette classe de végétaux fort intéressante à connoître, parce que leur bois réunit des propriétés très - utiles dans les arts, et qu'il peut s'y trouver des espèces susceptibles de s'améliorer très-promptement, à l'aide de la greffe et d'une culture soignée, telle que celle du Pacanier. A l'appui de cette considération, je citerai ce que mon père m'a souvent dit, que les noix sauvages du Noyer d'Asie *Juglans regia*, étoient plus petites, plus dures,

et d'une qualité inférieure à celles de l'espèce américaine que je viens de nommer. C'est donc aux
membres des différentes sociétés d'agriculture des
États-Unis, à multiplier les observations et les expériences, et à suivre en cela l'exemple de nos ancêtres,
à qui nous sommes redevables de cette grande variété
de fruits, aussi salutaires qu'agréables à la vue.

Les Noyers de l'Amérique septentrionale m'ont
paru offrir entr'eux des caractères assez distincts, pour
que je croye devoir les partager en deux sections. Ces
caractères naissent principalement de la différence
des châtons qui portent les fleurs mâles, ainsi que de
leur végétation plus ou moins rapide. La première
section sera composée des Noyers *à chatons simples*
(Pl. I.); et elle comprend seulement deux espèces, le
Juglans nigra et le *Juglans cathartica.* La deuxième
renfermera les Noyers à *chatons ramifiés* (Pl. IV.);
et elle sera composée de huit espèces, savoir : les
*Juglans olivæformis; J. amara; J. aquatica; J. to-
mentosa; J. squamosa; J. laciniosa; J. porcina* et
J. myristicæformis. Les trois premières espèces de
cette deuxième section, se rapprochent un peu de
ceux de la première, par leurs bourgeons qui sont à
nu et ne sont pas recouverts d'écailles. C'est encore à
cause de cela que je les ai placées immédiatement
après, et que j'ai mis à leur tête le *J. olivæformis,*
qui par ses nombreuses folioles, a le plus de ressemblance avec le *J. nigra* et le *J. cathartica,* qui
ont aussi leurs bourgeons nus.

Dans tous les États-Unis, on donne aux Noyers de

la deuxième section le nom général d'Hickery [1],
et cela est fondé principalement sur certaines propriétés de leur bois, qui quoique modifiées suivant
les espèces, s'y trouvent réunies à un plus haut degré
que dans tout autre arbre, soit d'Amérique, soit
d'Europe. Ces espèces ont encore beaucoup de
ressemblance, tant par leur port que par leurs
feuilles, dont les folioles dans toutes, diffèrent par
le nombre et par la grandeur. A ces causes de con-
fusions se réunit celle qui est produite par les fruits,
dont les formes varient à l'extrême dans les mêmes
espèces; tellement que lorsqu'on les voit séparément, on croiroit qu'elles appartiennent à des espèces étrangères. Ce n'est donc pas entièrement d'après
des différences aussi notables, qu'on doit en établir la distinction. Il faut surtout encore qu'elle
soit fondée sur l'examen des jeunes pousses de
l'année précédente, des bourgeons et des chatons;
car ce n'est que par une observation constante, faite
pendant tout le cours d'un été dans les forêts de ces
contrées, que je suis parvenu à distinguer aisément
ce qui n'étoit que de simples variétés, d'avec
de véritables espèces. M. Delile, de l'Institut d'É-
gypte, alors dans les États-Unis, a pris une part
active aux recherches que j'ai faites à cette occasion,
étant journellement avec moi dans les bois; et nos
observations ont eu, je crois, pour résultats, ce qu'on
doit attendre de beaucoup de persévérance.

---

[1] Mot dont je n'ai pu connoître la signification, et qui est probablement d'origine indienne.

D'après ces différentes considérations, fondées principalement sur le grand rapport qu'ont entr'eux les bois des diverses espèces de noyers Hickery; j'ai pensé qu'il étoit plus convenable dans la description particulière de chacun d'eux, de ne faire mention que sommairement de leur propriétés respectives, et d'en parler d'une manière plus étendue, collectivement et comparativement dans un article séparé qui terminera leur histoire.

DISPOSITION MÉTHODIQUE
DES NOYERS
DE L'AMÉRIQUE SEPTENTRIONALE.

Monœcie Polyandrie, Lin. **Fam. des Térébenthacées**, Juss.

Ire *SECTION.*

CHATONS SIMPLES.
(Pl. 1, fig. 5.)
Végétation très-rapide.

1 Juglans nigra.. . . . *Black walnut.*
2 Juglans cathartica. . . *Butter nut.*

IIe. *SECTION.*

CHATONS COMPOSÉS OU ATTACHÉS TROIS A TROIS AU MÊME PÉDICULE.
(Pl. VII, fig. 5.)·
Végétation très - lente.

3 Juglans olivæformis. . *Pacane nut, hickery.*
4 Juglans amara. . . . *Bitter nut , hickery.*
5 Juglans aquatica. . . . *Water bitter nut, hickery.*
6 Juglans tomentosa. . . *Mocker nut , hickery.*
7 Juglans squamosa. . . *Shell Bark, hickery.*
8 Juglans laciniosa.. . . . *Thick shell bark , hickery.*
9 Juglans porcina. . . . *Pig nut , hickery.*
10 Juglans myristicæformis. *Nutmeg hickery nut.*

Black Walnut .

Juglans nigra.

JUGLANS *NIGRA*.

THE BLACK WALNUT.

JUGLANS *foliolis quindenis, subcordatis, supernè angus-
tatis, serratis : fructu globoso, punctato scabriusculo :
nuce corrugata.*

CET arbre est connu des Américains dans toutes
les parties des États-Unis où il croît, ainsi que des
François de la Haute et Basse-Louisiane, sous le
seul nom de Noyer noir, *Black Walnut.* Les environs de Goshen, État de New-Jersey, situés par
le 40° 5o′ de latitude, sont à l'est des Monts-Alléghanys, le point le plus rapproché vers le nord où il
commence à paroître, tandis qu'à l'ouest de ces montagnes il existe déjà en abondance dans cette portion du Génessée, État de New-York, qui se trouve
comprise entre les 77° et 79° de longitude, et qui
est d'environ deux degrés plus avancée vers le nord.
Cette observation, ainsi que j'aurai occasion de le
faire remarquer, s'applique à plusieurs autres végétaux, dont l'apparition est soumise à l'influence de
la température, laquelle devient plus douce à mesure
qu'on s'avance vers l'ouest. Le noyer noir est déjà
très-commun dans les forêts qui avoisinent Philadelphie, et si l'on en excepte ensuite toutes les parties basses des Etats méridionaux, dont le sol est
trop sablonneux ou trop humide comme celui des
marécages, on retrouve cet arbre jusqu'au Mississipi, ce qui embrasse une étendue de près de

deux cent soixante-treize myriamètres (700 lieues). On remarque encore qu'à l'est des monts Allégha-nys, dans la Virginie, les Hautes-Carolines et la Haute-Géorgie, il est principalement confiné aux vallons, au milieu desquels circulent les rivières et les *creeks*, et dont le sol est meuble et profond; tandis qu'à l'ouest de ces mêmes montagnes, dans les Etats du Kentucky, du Génessée et de l'Ohio, où les terres sont presque partout d'une très-grande fertilité, il croît en plein bois, entremêlé avec le *Gymnocladus dioica*, le *Gleditsia triacanthos*, le *Morus rubra*, le *Robinia pseudo-acacia*, le *Juglans squamosa*, l'*Acer nigrum*, le *Celtis crassifolia* et l'*Ulmus rubra*. Tous arbres qui sont considérés comme signes indicatifs des meilleures terres. C'est aussi dans ces contrées que cet arbre provient à son plus grand développement. J'ai vu souvent sur les rives de l'Ohio et dans les îles qui sont au milieu de cette belle rivière, des indi-vidus qui avoient environ un mètre (3 à 4 pieds) de diamètre, sur 20 à 22 mètres (60 à 70 pieds) d'élé-vation, et il n'est pas rare d'en rencontrer qui ont 2 mètres (6 à 7 pieds) d'épaisseur. Cette force de végétation indique suffisamment que le *Juglans ni-gra* est un des plus grands arbres de l'Amérique septentrionale. Lorsqu'il est isolé ses branches s'é-tendent horizontalement à une grande distance, ce qui fait que son sommet embrasse alors beaucoup d'espace, et lui donne une apparence magnifique.

Les feuilles du Noyer noir, sont composées de sept ou huit paires de folioles presque opposées les unes aux autres, et attachées par de courts pétioles sur un pétiole commun. Elles sont longues de 5 à 8 centimètres (2 à 3 pouces), de forme lancéolato-acuminées, légèrement pubescentes et dentées sur leurs bords. Les fleurs mâles sont disposées en chatons pendans et cylindriques, dont les pédicules sont simples et non ramifiés comme les Noyers Hickerys. *Voy. pl.* I. *fig.* 3. Aux fleurs femelles succèdent des fruits parfaitement ronds, très-odorants, à surface légèrement inégale, et qui viennent toujours à l'extrémité des branches. Dans les arbres jeunes et vigoureux, ils ont quelquefois 18 à 21 centimètres (7 à 8 pouces) de circonférence. Le brou fort épais, ne se partage pas non plus naturellement en plusieurs parties comme dans les Noyers Hickerys; mais il s'amollit, finit par pourir et laisser échapper la noix. Celles-ci sont très-dures, un peu déprimées latéralement et comme plissées ou sillonnées à leur surface. L'amande, partagée par des cloisons ligneuses, est douce et d'une saveur agréable, quoique inférieure à celle du *Juglans regia* ou Noyer ordinaire. On apporte ces noix aux marchés de New-York, de Philadelphic et de Baltimore, où on les achète pour être servies sur la table.

La grosseur des fruits du Noyer noir varie beaucoup, eu égard à la vigueur de l'arbre qui les produit, et par rapport au sol où il croît, ainsi qu'à la température du climat où il se trouve. Sur les bords de l'Ohio, et dans le Kentucky, ses fruits revêtus de leur brou, mesurent 18 à 21 centimètres (7 à 8

pouces) de circonférence, et les noix ont une grosseur proportionnée. Dans le Génessée au contraire
où il fait un froid extrême, ainsi que dans les champs
épuisés par la culture, où ces arbres ont été mé-
nagés lors des premiers défrichemens, elles ont
moitié moins de cette dimension. On observe encore
quelques petites variations dans la forme du fruit,
et dans la manière dont est sillonnée la coquille;
mais je ne puis considérer ces différences que
comme accidentelles. Il est vrai qu'il n'est pas
de genre d'arbres en Amérique, dont les fruits de
chaque espèce offrent des formes aussi variées; circonstances qui doivent nécessairement avoir induit
en erreur les personnes qui n'ont observé que le
petit nombre d'individus qui se trouvent dans les
jardins en Europe, et qui les ont décrits comme
des espèces distinctes.

Le tronc du noyer Noir est revêtu d'une écorce
épaisse, noirâtre et fortement crevassée dans les
vieux arbres. Lorsqu'il est fraîchement débité, son
aubier est très-blanc, tandis que le cœur est violet;
mais bientôt après avoir été exposé à l'air, cette
couleur prend plus d'intensité et devient presque
noire, d'où est venu probablement à cet arbre le
nom de Noyer noir. Les qualités qui font surtout
apprécier son bois, sont : de résister long-temps à
la pouriture quoique exposé aux alternatives de la
chaleur et de l'humidité, pourvu néanmoins, qu'il
soit privé de son aubier qui s'altère très-promptement; d'avoir beaucoup de force et de tenir bien

les clous; de n'être plus sujet, lorsqu'il est bien sec,
à se tourmenter ni à se fendre; enfin d'avoir le
grain assez ferme et assez fin pour recevoir un beau
poli. Toutes ces propriétés le font employer de préférence à beaucoup d'ouvrages où il convient très-
bien. Outre ces divers avantages, il a encore celui
de n'être point attaqué par les vers. A l'est des monts
Alléghanys, on fait peu d'usage du Noyer noir dans
la construction des maisons en bois; mais dans quelques parties des Etats du Kentucky, de l'Ohio, et
notamment sur la rivière Wabash, il est fréquemment débité en essentes de 48 centimètres (18 pouces)
de longueur, sur 10 à 16 centimètres (4 à 6 pouces)
de largeur pour les couvrir, et quelquefois encore
on s'en sert pour la charpente. Mais c'est dans l'ébénisterie surtout qu'on emploie généralement le bois
de cet arbre dans le pays où il abonde. On en
fabrique des meubles qui sont souvent très-beaux,
par les accidents qui se rencontrent principalement
dans les morceaux tirés de l'endroit où le tronc se
partage en plusieurs branches. Cependant comme il
prend en assez peu de temps une couleur très rembrunie, beaucoup de personnes donnent la préférence aux meubles fabriqués avec le bois du Cerisier
de Virginie. On fait aussi avec le bois du Noyer noir,
les montures de fusil des troupes, comme étant plus
fort et plus résistant que celui de l'*Acer rubrum*.
Celui-ci qui a plus d'éclat et de légèreté, est employé
de préférence pour les fusils de chasse. On s'en sert
fréquemment encore en Virginie, pour faire les pieux

des entourages, parce qu'il résiste bien à la pouriture, et qu'il peut rester vingt à vingt-cinq ans en terre sans s'altérer. Quelques personnes m'ont assuré en avoir vu faire de bons moyeux, ce qui dénoteroit encore sa force et sa durée. Tous les cercueils à Philadelphie sont aussi faits en planches de Noyer noir.

Le bois de cet arbre est encore employé comme excellent dans les constructions maritimes; mais il ne doit être mis en œuvre que lorsqu'il est bien sec; alors on assure qu'il est plus durable que le Chêne blanc. Breckel dans son histoire de la Caroline du Nord, avance qu'il n'a pas l'inconvénient comme ce dernier, d'être attaqué par les vers de mer dans les pays chauds; avantage bien précieux, si cela est vrai, et qui demande de nouveau à être confirmé.

Dans les chantiers de constructions navales à Philadelphie, je l'ai vu fréquemment employer pour genoux et varangues; mais à Wheeling, à Marieta, ainsi qu'à Louisville, petites villes situées sur les bords de l'Ohio, il constitue une grande partie de la charpente des vaisseaux qu'on y construit. Sur la rivière Wabash, on en a fait des canots et des pirogues qui sont très-estimés, à cause de leur solidité et de leur durée. Quelques-unes de ces pirogues, faites d'un seul tronc d'arbre, ont plus de 13 mètres (40 pieds) de longeur, sur 1 mètre environ (2 à 3) de largeur. Le Noyer noir est donc un arbre précieux, et c'est avec raison que beaucoup d'habitans ne le coupent pas, lorsqu'il s'en rencontre dans les nouveaux défrichemens qu'ils entreprennent.

Le Noyer noir débité en planches, *plancks*, de 5 centimètres (2 pouces) d'épaisseur, est exporté en Angleterre; mais la quantité est peu considérable. Ces sortes de planches se vendent à Philadelphie à raison de quatre *cents*, environ 20 centimes le pied.

Le brou qui enveloppe la noix, donne une couleur fort analogue à celui que fournit notre Noyer d'Europe. On s'en sert dans les campagnes pour teindre les étoffes de laine.

Cet arbre a été depuis long-temps introduit en France et en Angleterre, dans les jardins des amateurs de cultures étrangères. Il réussit très-bien et donne abondamment des fruits. Quoiqu'il diffère beaucoup du Noyer d'Europe, néanmoins de toutes les espèces de l'Amérique septentrionale, c'est celle qui a le plus de ressemblance avec lui. Si nous comparons donc ces deux espèces sous les différens degrés d'utilité que l'une et l'autre présentent aux arts et au commerce, nous trouverons que le bois du Noyer noir est plus compact, plus pesant, qu'il est doué de beaucoup plus de force, et qu'il est susceptible de prendre un plus beau poli; enfin, qu'il n'est pas sujet à être attaqué par les vers; propriétés, qui comme nous l'avons vu précédemment, le rendent propre non-seulement aux mêmes usages que celui que nous possédons, mais encore aux grandes constructions. Je pense également que par ces mêmes considérations, cet arbre conviendroit parfaitement pour succéder à l'Orme sur les grandes routes; car il paroît actuellement bien prouvé, que pour obtenir des succès certains dans la culture des arbres ou des plantes herbacées sur le même terrain, il est nécessaire d'y planter alternativement des espèces d'un genre différent. Cependant si on considère le Noyer noir sous le rapport de ses fruits, on trouvera que les avantages qu'il présenste ont très-balancés, car ses noix quoique assez grosses, sont très-inférieures à celles de nos espèces les plus médiocres.

On a planté en même temps et dans le même terrain des noix de l'une et de l'autre espèce, et l'on a observé que celles du Noyer noir donnent des sujets qui poussent plus vigoureusement, et qui s'élèvent à une plus grande hauteur dans le même espace de temps; alors il seroit peut-être profitable de greffer à 2 à 3 mètres (8 ou 10 pieds) de hauteur, notre Noyer d'Europe sur celui d'Amérique, et si on adoptoit cet usage, on jouiroit de tous les avantages que présentent ces deux espèces, sous le rapport de la qualité du bois et de la bonté des fruits. ·

PLANCHE I.

Feuille moitiée grandeur naturelle.

Fig. 1, noix recouverte de son brou. Fig. 2, noix séparée de son brou. Fig. 3, fleurs mâles sur un chaton simple et non ramifié.

Butter Nut.

Juglans cathartica.

JUGLANS *CATHARTICA.*

THE BUTTER NUT.

JUGLANS *cathartica, foliolis subquindenis, lanceolatis, basi rotundato-obtusis, subtus tomentosis, leviter serratis. Fructu oblongo-ovato, apice mammoso, viscido, longè pedunculato. Nuce oblonga acuminata, insigniter inscupltè-scabrosa.*

CETTE espèce est connue dans l'Amérique septentrionale, sous différentes dénominations. Dans les Etats de New-Hampshire, de Massachussett et de Vermont, elle porte le nom de *Oïl nut*, Noyer à l'huile. Dans la Pensylvanie, le Maryland et sur les bords de l'Ohio, elle est plus connue sous celui de *White Walnut*, Noyer blanc; tandis que dans les Etats de New-York, de New-Jersey et de la Virginie, ainsi que dans la partie montagneuse des Hautes-Carolines, on l'appelle *Butter nut*, Noix de beurre. Parmi ces diverses dénominations, j'ai cru devoir préférer cette dernière, parce que d'une part, elle n'est pas entièrement étrangère aux autres parties des Etats-Unis que je viens de désigner, et que de l'autre, dans les environs de la ville de New-York, son bois y est employé à des usages plus variés. J'ai pensé également que le nom spécifique latin de *cathartica*, qui lui a été donné il y a déjà fort long-temps par le docteur Cutler de l'Etat de Massachussett, devoit être définitivement substitué à celui de *Cinerea*, sous lequel cette espèce a été jusqu'à présent dis-

tinguée par les botanistes. Cette distinction avoit
été tirée de la couleur des branches secondaires qui
sont revêtues d'une écorce lisse et cendrée, mais
elle ne rappelle réellement qu'un caractère peu important, tandis que le premier exprime une des qualités les plus intéressantes de cet arbre.

On trouve encore le *Juglans cathartica* dans le
Haut et Bas-Canada, dans le district de Maine, sur
les bords du lac Erié, dans les Etats du Kentucky
et du Ténessée, ainsi que sur les bords du Missouri;
mais je ne l'ai pas rencontré dans la partie basse
des deux Carolines, de la Géorgie et de la Floride
orientale, où la nature du sol et la chaleur exces-
sive qu'on éprouve en été, sont peu favorables à sa
végétation, qui est au contraire remarquable dans
les pays les plus froids; car dans l'Etat de Vermont,
par exemple, où les hivers sont si rigoureux, qu'on
y va en traineau quatre mois de l'année, cet arbre
acquiert 2 à 3 mètres (8 à 10 pieds) de circonférence,
cependant je ne l'ai vu nulle part croître plus abondamment que dans les bas-fonds qui bordent l'Ohio,
entre Wheeling et Marietta; mais il m'a paru que
l'épaisseur des forêts qui les couvrent, et où le soleil ne pénètre que difficilement, s'opposoit à son
entier développement; car je n'y ai point observé
d'individus d'une aussi forte dimension que dans le
New-Jersey, sur les bords élevés et très-escarpés de
la rivière Hudson, presque opposés à la ville de
New-York. Dans cet endroit les bois sont peu garnis,
et la surface du terrain qui est d'une nature froide

et peu productive, est parsemée de gros rochers : c'est dans leurs interstices qu'ont pris naissance les plus gros *Juglans cathartica* que j'aie vus. J'en ai mesuré qui à 1 mètre (3 pieds) de terre, avoient 3 à 4 mètres (10 à 12 pieds) de circonférence, sur environ 16 mètres (50 pieds) d'élévation, et dont quelques racines tout en conservant le même diamètre, s'éten-doient en serpentant à fleur de terre jusqu'à plus de 13 mètres (40 pieds). Le tronc de cet arbre se rami-fie promptement, et ses branches qui s'étendent à une grande distance, m'ont semblé affecter une direc-tion plus horizontale que dans les autres arbres, ce qui en faisant paroître son sommet très-vaste et plus touffu, lui donne un aspect assez remarquable pour le faire d'abord reconnoître de loin. Les bourgeons du *Juglans cathartica* comme ceux du *J. nigra* ne sont pas revêtus d'écailles, mais sont à découverts, et ses feuilles se développent de très-bonne heure au printemps, environ quinze jours avant celles des *Juglans Hickerys* [1].

Chaque feuille est composée de sept ou huit paires de folioles sessiles, et terminées par une impaire pétiolée. Ces folioles longues de 5 à 8 cen-timètres (2 à 3 pouces), sont de forme oblongue, dentées sur leurs bords et légèrement velues. Les fleurs mâles sont supportées sur des chatons gros,

---

[1] Cette végétation très-hâtive s'observe également dans plusieurs autres arbres, qui, comme celui-ci, existent dans des régions très-septentrionales, et qui continuent à se trouver jusques sous des lati-tudes assez méridionales.

cylindriques, longs de 8 à 10 centimètres (4 à 5 pouces), à pédoncules simples, et sont attachées sur les pousses de l'année précédente. Les fleurs femelles qui au contraire prennent naissance sur celles de l'année, sont terminales, et l'ovaire est surmonté de deux stigmates de couleur rose. Les fruits suspendus ordinairement un à un, sont soutenus par des pédicules minces, flexibles, et longs d'environ 8 centimètres (3 pouces); leur forme est celle d'un ovale oblong sans suture apparente; ils ont souvent 6 centimètres (2 pouces et demi) de longueur sur 13 (5 pouces) de circonférence, et sont très-visqueux, ce qui est dû à de petites utricules d'une grande transparence qui couvrent leur surface et qui sont faciles à apercevoir à la loupe. Les noix sont très-dures; dégagées de leur brou leur forme est oblongue; elles sont obtuses à leur base, terminées à leur sommet par une pointe très-aiguë, sont sillonnées profondément et d'une manière très-irrégulière : elles sont à maturité aux environs de New-York, vers le 15 septembre, quinze jours avant celles des autres espèces de Noyers. Dans certaines années elles sont si abondantes, qu'un homme peut en ramasser plusieurs minots par jour. L'amande est épaisse, très-huileuse, et rancit promptement; aussi en voit-on rarement dans les marchés de New-York et de Philadelphie; c'est aussi probablement à cause de cette propriété, qu'on lui a donné les noms de noix de beurre et de noix à l'huile, vraisemblablement parce que les Indiens qui habitoient ces contrées, piloient ces noix, et séparant par l'ébullition la substance grasse qui surnageoit, ils s'en servoient, dit-on, pour mêler à leurs aliments.

Les fruits du Noyer cathartique, lorsqu'ils n'ont encore atteint que la moitié de leur grosseur ordinaire, sont souvent employés pour faire des cornichons; pour cela on les plonge d'abord dans l'eau bouillante, et après les en avoir retirés et bien essuyés, pour les débarrasser entièrement de l'espèce de duvet dont ils sont couverts, on les met confire dans le vinaigre.

Le *Juglans nigra* et le *Juglans cathartica* ont, dans les premières années de leur jeunesse, assez de ressemblance, tant par leur feuillage que par la rapidité avec laquelle ils croissent; mais arrivés à leur entier développement, ils ont chacun un port qui leur est propre, et qui les fait reconnoître au premier aspect; et si on vient à examiner leur bois, surtout lorsqu'il est bien sec, on y trouve des différences très-notables. Le premier est pesant, fort, et d'une couleur très-rembrunie; tandis que celui dont il est question, est très-léger, a peu de force, et d'une couleur rougeâtre; mais ils jouissent tous deux également du précieux avantage de résister long-temps à la pourriture, et de n'être pas attaqués par les vers. C'est à cause de son défaut de force, et parce qu'il donne rarement des pièces d'une grande longueur, que le *Juglans cathartica* n'est point apporté dans les villes pour la construction des maisons, quoiqu'on s'en serve quelquefois pour

cet usage dans les campagnes. Je l'ai assez souvent vu
employé dans quelques cantons de l'État de New-
Jersey, pour en faire les sols des maisons et des
écuries, qui sont construites en bois, et qui reposent
immédiatement sur la terre; et c'est aussi parce
qu'il résiste bien aux alternatives de la chaleur et de
l'humidité, qu'on en fait de bons pieux et de bonnes
barres pour clore les champs, et que, dans beaucoup
de fermes, on le préfère pour en faire les auges où
l'on donne à manger aux bestiaux, et que l'on place
au dehors. Les pelles à remuer le grain et les sébiles
faites de ce bois, sont aussi préférées à cause de leur
légèreté, et parce qu'elles ne sont pas aussi sujettes
à se fendre que celles en *Acer rubrum*, ce qui fait
qu'elles se vendent un peu plus cher. Aux environs
de New-York, j'ai remarqué que dans la construction des petits canots faits d'un seul ou de deux
troncs d'arbres, il étoit employé pour courbes destinées à leur donner plus de solidité où à les unir
ensemble; mais on se sert d'un bois plus fort, lorsque ces canots sont d'une assez grande dimension.
A Pittsbourgh sur les bords de l'Ohio, le *Juglans
cathartica* est quelquefois débité en planches, dont
on fait de petits esquifs. Ceux qui descendent la
rivière, les achettent de préférence à cause de leur
légèreté. A Windsor dans l'État de Vermont, on s'en
sert pour faire des panneaux de carrosse et de cabrio-
let; ceux qui l'emploient le trouvent fort bon pour cet
usage, parce qu'outre sa légèreté, il n'est pas sujet à
se fendre, et que de plus, il prend très-bien la cou-

leur. En effet, j'ai remarqué que ces pores sont beaucoup plus ouverts que ceux du Tulipier et du Tilleul.

La propriété médicale de l'écorce de cet arbre a été constatée depuis long-temps dans les États-Unis, par plusieurs médecins distingués, entr'autres par le docteur Cutler. L'extrait aqueux de l'écorce, ou même sa décoction adoucie avec du miel, a été bien reconnu pour un des meilleurs cathartiques que possède la matière médicale, parce que sa qualité purgative est toujours assurée, et que dans les constitutions les plus délicates, elle opère toujours sans causer ni douleur ni irritation. Enfin l'expérience a appris que, dans bien des cas, elle avoit produit d'excellents effets dans la dyssenterie, etc. C'est ordinairement sous forme de pilules, et à la dose d'*un demi* gros jusqu'à *un* gros, qu'il se donne aux grandes personnes. Cependant son usage n'est assez général que dans les campagnes, où beaucoup de fermiers en font tous les ans au printemps une petite provision pour les besoins de leur famille et ceux de leurs voisins. Ils l'obtiennent en faisant bouillir dans l'eau l'écorce toute entière, jusqu'à ce que la liqueur se réduise par l'évaporation en une substance épaisse, très-visqueuse et de couleur presque noir. Ce procédé est vicieux, et l'on devroit préalablement enlever l'épiderme ou la partie morte de l'écorce qui recouvre le tissu cellulaire, et qui est fort épaisse; car vers la fin de l'opération, par l'ébullition long-temps continuée, elle s'est imprégnée des quatre cinquièmes du liquide, déjà chargé de la partie extractive.

J'ai vu encore cette écorce employée avec succès, comme moyen révulsif dans les ophtalmies inflammatoires, et même dans les maux de dents, par l'application à la nuque d'un petit morceau, qu'on a auparavant fait tremper dans l'eau tiède. On s'en sert aussi quelquefois dans les campagnes, pour teindre la laine d'un brun foncé; mais celle du *Juglans nigra* est très-préférable.

J'ai enfin remarqué qu'au moment où, dans un arbre vivant, l'on met à nu le tissu cellulaire de l'écorce, il étoit d'une grande blancheur, mais que dans l'espace d'une minute, il passoit à une belle couleur citron, qui peu à près, se changeoit en une couleur brune foncée.

Quoique le *Juglans cathartica*, comme on voit, possède quelques propriétés utiles, je ne pense pas cependant qu'il soit d'un assez grand intérêt, pour engager à le cultiver dans l'ancien continent comme une espèce forestière qui seroit profitable, soit dans les arts, soit même comme bois à brûler. Il devra donc seulement trouver sa place dans les parcs et jardins d'agrémens.

PLANCHE II.

Feuille moitiée grandeur naturelle.

Fig. 1, noix recouverte de son brou. Fig. 2, noix séparée de son brou.

Pacanenut Hickory.

Juglans olivæ-formis.

JUGLANS *OLIVÆFORMIS.*

THE PACANE NUT, HICKERY.

JUGLANS *olivæformis ; foliolis subtridenis , falcatis , serratis. Fructu oblongo , prominulo-quadriangulato ; nuce olivæformi , lævi.*

CETTE espèce qui se trouve dans la Haute-Louisiane , est nommée par les François des Illinois, et à la Nouvelle - Orléans, Pacanier, et ses fruits Noix Pacanes. Nom qui a été adopté par les habitans des États-Unis, qui par suite l'appellent *Pacane nut.* Les bords des rivières du Missouri, des Illinois, de S.-François et des Arkansas, sont les endroits où cet arbre se trouve le plus abondamment. Il est encore fort commun sur la rivière Wabash, ainsi que sur les rives de l'Ohio, mais seulement jusqu'à 200 milles de son embouchure, dans le Mississipi; passé cette distance, il devient plus rare, et on ne le rencontre plus au-delà de Louisville. Mon père qui a parcouru toutes ces contrées, a appris des François qui y résident, et qui sont dans l'usage de remonter le fleuve jusqu'à sa source pour aller à la traite des fourrures, qu'on ne le voit plus au-delà de la rivière grande Mackakité, dont l'embouchure est située par le 42° 50′ de latitude.

Cet arbre affecte de croître principalement dans les lieux frais et qui sont même très-humides; on cite entr'autres un marais (*swamp*) de plus de 800 arpents, qui est exclusivement couvert de Pacaniers. Ce marais qui est connu des François des Illinois, sous le nom de la Pacanière, est situé sur la rive droite de l'Ohio, vis-à-vis l'embouchure de la rivière de Cumberland.

Le Pacanier est un fort bel arbre dont la tige est bien filée, et qui, lorsqu'il se trouve en corps de forêt, parvient à 20 et 24 mètres (60 et 72 pieds) d'élévation. Son bois dont le grain est grossier, est comme celui des autres Noyers Hickery, pesant et compacte; il est également doué de beaucoup de force et d'élasticité, propriétés qui cependant ne sont pas chez lui réunies à un aussi haut degré, que dans quelques-unes des espèces que je décrirai ci-après. De même que les *Juglans nigra* et *Juglans cathartica*, ainsi que dans les deux espèces suivantes, les bourgeons sont à nu, et ne sont point recouverts d'écailles. Ses feuilles longues de 30 à 45 centimètres (1 pied à 18 pouces), sont supportées sur des pétioles un peu anguleux et légèrement velus au printemps. Chaque feuille est composée de six à sept paires de folioles, qui sont sessiles et terminées par une impaire pétiolée, ordinairement plus petite que les deux qui la précèdent immédiatement. Ces folioles longues de 5 à 8 centimètres (2 à 3 pouces), dans les arbres arrivés à leur entier développement, et de 8 à 13 (3 à 5) dans les jeunes individus qui poussent avec vigueur, sont de forme ovale-acuminées, sensiblement dentées, et assez remarquables par leur bord supérieur qui présente une forme demi-circulaire très-prononcée, tandis que l'inférieur est comparativement très-peu arrondi. On observe encore que la nervure principale, au lieu d'être dans la partie moyenne, est plus bas, ce qui fait que la portion supérieure est de moitié plus large.

Les noix, ordinairement très-abondantes, sont revêtues d'un brou épais de 2 à 4 millimètres (1 à 2 lignes), et garnies de quatre angles légèrement saillans, qui correspondent à ses divisions naturelles. Ces noix qui varient de longueur depuis 3 jusqu'à 4 centimètres (1 pouce et demi), sont pointues à leurs extrémités : leur forme est cylindrique, leur couleur jaunâtre, et elles sont souvent marquées de lignes noirâtres, même purpurines, au moment où elles viennent d'être débarassées de leur enveloppe. La coquille lisse, mince, quoique assez résistante pour n'être pas cassée avec les doigts, renferme une amande bien fournie, et assez facile à avoir, parce qu'elle n'est pas partagée par des cloisons fortes et ligneuses. Ces noix, d'un très-bon goût, font l'objet d'un petit commerce, entre la Haute et Basse Louisiane. De la Nouvelle-Orléans, elles sont réexportées aux Indes Occidentales, et souvent encore dans les grandes villes des États-Unis. Non-seulement elles sont très-préférables à toutes celles qu'on a trouvées jusqu'à présent dans l'Amérique septentrionale, mais je crois même qu'elles ont une saveur plus délicate, que celles que nous possédons en Europe. De plus, on trouve souvent des variétés de Pacaniers, qui quoique sauvages, donnent des noix dont l'amande est beaucoup plus grosse que celle de nos Noyers qui n'ont pas été cultivés. Je pense donc que, sous le rapport du fruit, cet arbre mérite de fixer l'attention des Européens; et qu'au moyen d'une culture soignée, on parviendra à en obtenir de très-beaux, surtout si l'on considère que notre Noyer dans l'état sauvage, ne donne que des noix très-inférieures à celles du Pacanier. Il est vrai cependant que cette heureuse perspective est balancée par la lenteur avec laquelle croît cet arbre, dont nous possédons plusieurs individus en France, qui ne portent point encore de fruit, quoiqu'ils soient plantés depuis plus de trente ans. Mais s'il est vrai que cet arbre puisse être greffé sur le Noyer noir ou sur le Noyer ordinaire, alors sa végétation sera incomparablement plus rapide, et rien ne s'opposera à ce qu'on s'applique à le propager en Europe.

PLANCHE III.

Feuille moitié grandeur naturelle.
Fig. 1 , *fruit couvert de son brou. Fig.* 2 , *fruit séparé du brou.*

Bitter Nut Hickory.

Juglans amara.

JUGLANS *AMARA.*

BITTER NUT, HICKERY.

Juglans *amara, arbor maxima, foliolis* 7 — 9^{nis}, *glabris, conspicuè serratis, impari breviter petiolato. Fructu subrotundo-ovoïdeo, supernè suturis prominulis; nuce lævi, subglobosá, mucronatá : putamine fragili, nucleo amaro.*

C E T T E espèce est généralement connue dans l'État de New-Jersey, sous le nom de *Bitter nut*, Noyer amer; tandis que dans la Pensylvanie, et notamment dans le Comté de Lancaster, elle est désignée par celui de *White Hickery*, Hickery blanc, et quelquefois encore de *Swamp Hickery*, Hickery des marais. Mais plus au sud elle est confondue avec le *Juglans porcina*; enfin les François des Illinois, comme les habitans de New-Jersey, lui donnent le nom de *Noyer amer.* Cette dernière dénomination sous laquelle je la décris, m'a paru devoir être préférablement conservée; car elle indique une des propriétés particulières du fruit de cet arbre.

Les environs de Windsor dans l'État de Vermont, latitude 43° 30′, sont, je pense, très-rapprochés du point le plus septentrional, où le Noyer amer commence à croître, en venant du nord au midi; car on ne le rencontre pas dans le district de Maine, où il existe cependant beaucoup de situations sur les bords des rivières très-analogues à celles où il est fort commun, à quelques degrés plus au sud. Cet

arbre parvient à une très-grande élévation, dans les
bois de Bergen's Woods, à six milles de New-York,
et dans les bas-fonds qui bordent l'Ohio. J'ai mesuré
plusieurs individus qui avoient de 3 à 4 mètres
(10 à 12 pieds) de circonférence, sùr environ 23
à 26 mètres (70 à 80 pieds) de hauteur; mais il ne
parvient il est vrai à de pareilles dimensions, que
dans les endroits où le sol est d'une excellente qualité, et maintenu constamment à l'état de fraîcheur,
souvent même d'humidité, par les débordemens des
creeks et des rivières; et c'est probablement parce
qu'on a remarqué qu'il affectoit de croître dans de
pareilles situations, qu'il est désigné quelquefois
comme il a été dit, par le nom de Hickery des marais. C'est de tous les Noyers Hickerys, celui chez
lequel la végétation est la plus tardive, car j'ai
constamment observé que ses feuilles se développent
environ quinze jours plus tard. Dans les individus
bien venant et en état de porter fruit, elles ont de
32 à 40 centimètres (12 à 15 pouces) de longueur,
sur une largeur à-peu-près d'égale dimension, qui
varient ainsi que dans tous les autres arbres, eu
égard à la nature du sol, ou encore selon qu'elles
croissent sur les branches inférieures ou sur les plus
élevées.Chaque feuille est composée de trois ou quatre
paires de folioles, terminées par une impaire moins
grande que les deux qui la précèdent immédiatement. Ces folioles, longues d'environ 16 centimètres
(6 pouces) sur 27 à 30 millimètres (12 à 15 lignes)
de largeur, sont sessiles, ovales-acuminées et très-

sensiblement dentées en scie; elles sont lisses et
d'un vert assez obscur. Lorsque cet arbre a perdu ses
feuilles, il est encore facile à reconnoître à ses bourgeons qui ont une belle couleur jaune, et qui sont
à nu, sans être couverts ou enveloppés d'écailles.

Dans la Pensylvanie et le New-Jersey, le Noyer
amer est en fleurs vers le 25 de mai. Les chatons
qui portent les fleurs mâles, longs de 5 à 8 centimètres (2 à 3 pouces), et disposés trois à trois sur
le même pédicule, sont pendans et flexibles, toujours réunis seulement deux à deux. Ils sont attachés à la naissance de la pousse de l'année, tandis
que les fleurs femelles peu apparentes, sont au contraire placées à leur partie supérieure.

Les fruits toujours assez abondans, sont en maturité vers le 1er. octobre. D'un seul arbre on pourroit souvent en récolter plusieurs minots. Le brou
qui couvre la noix est mince, charnu, et surmonté
dans sa moitié supérieure de quatre appendices en
forme d'aîles. Il ne devient pas ligneux comme
dans les autres Noyers Hickerys; mais il s'amollit,
et finit par tomber en pourriture. Dans cette espèce,
la forme des noix est plus constante et plus régulière. Elles sont plus larges que longues, ayant
environ 22 millimètres (10 lignes) de largeur sur 13
à 15 (6 à 7 l.) de hauteur. La coque qui est blanche,
lisse, et assez mince pour être cassée avec les doigts,
renferme une amande très-remarquable par les sinuosités profondes qui la pénètrent de toutes parts,
et qui sont le résultat de la plicature de l'amande

sur elle-même ; elle est si âpre et si amère, que les écureuils et les autres animaux sauvages, ne recherchent les noix de cet arbre, que lorsqu'ils n'en trouvent plus d'aucune autre espèce.

Dans quelques parties de la Pensylvanie où cet arbre se trouve assez multiplié, on a retiré de ses noix une huile bonne à brûler, et susceptible d'être employée à d'autres usages secondaires ; mais de ces essais qui ont réussi à quelques fermiers, on ne doit pas en conclure qu'on puisse, sous ce rapport, tirer de cet arbre des produits capables de devenir une branche d'industrie ; car ni le Noyer amer, ni les autres espèces de l'Amérique septentrionale, ne couvrent jamais des cantons assez étendus, pour en fournir les moyens. Il y auroit à cet égard beaucoup plus d'avantage à multiplier le Noyer d'Europe, dont la culture est encore totalement négligée dans tous les États-Unis, et qui certainement réussiroit au-delà de toute espérance dans les États du milieu, et surtout dans ceux qui sont situés au-delà des Alléghanys.

La texture de l'écorce du Noyer amer, la couleur de l'aubier et du cœur, sont les mêmes que dans les autres Noyers Hickerys, et son bois possède, quoique dans un degré inférieur, ces propriétés qui les font distinguer si évidemment des autres arbres ; propriétés qui sont la pesanteur, la force, la ténacité et l'élasticité. On s'en sert à Lancaster comme bois de chauffage ; mais sous ce rapport, il n'y est point considéré, comme supérieur en qualité au Chêne blanc, et il n'est point vendu à un taux plus élevé.

Le Noyer amer existe en France dans plusieurs jardins, et même y donne des fruits; cependant comme on ne peut rien espérer de la qualité de son fruit, qui paroît vouloir un sol très-fertile pour arriver à un grand développement; enfin, que son bois est reconnu en Amérique, pour être un peu inférieur à celui que fournissent les espèces suivantes, je ne crois pas qu'il doive trouver place dans les forêts d'Europe.

PLANCHE IV.

Feuille de grandeur naturelle.

Fig. 1 , *noix revêtues de leur brou. Fig.* 2 , *noix séparée de son brou.*

JUGLANS *AQUATICA.*

WATER BITTER NUT HICKERY.

JUGLANS *aquatica foliolis* 9—11^{nis}, *lanceolato-acumina-
tis, sub-serratis, sessilibus ; impari breviter petiolato.
Fructibus pedunculatis, nuce sub-depressa, parva,
rubiginosa, tenera.*

CETTE espèce qui appartient à la partie basse des
des États méridionaux, n'y est connue sous aucune
dénomination particulière, car elle a été confondue
jusqu'à présent par les habitans avec le *Juglans porcina,* quoiqu'elle en diffère à beaucoup d'égards. Le
nom d'Hickery des marais, *Water Hickery,* que je lui
ai donné, m'a paru assez convenable, parce que j'ai
toujours trouvé cet arbre dans les marécages, et très-
souvent dans les fossés qui entourent les champs à
riz, où il croît avec l'*Acer rubrum,* le *Nyssa aquatica,* le *Cupressus disticha* et le *Populus angulosa.*
Le *Juglans aquatica* s'élève de 13 à 16 mètres (40
à 50 pieds), et son port est en tout semblable à
celui des autres Noyers Hickerys, dont il fait partie.
Ses feuilles longues de 21 à 24 centimètres (8 à 9
pouces), sont d'une belle couleur verte, seulement
composées de quatre à cinq paires de folioles, sessiles
et terminées par une impaire pétiolée. Ces folioles
légèrement dentées sur leurs bords, longues et étroites, ont environ 10 à 13 centimètres (4 à 5 pouces)
de longueur, sur 18 à 20 millimètres (8 à 9 lignes)

Water bitter Nut Hickory.
Juglans aquatica

à leur partie moyenne, assez semblable d'ailleurs à des feuilles de Pêcher.

Les noix couvertes d'un brou peu épais et légèrement inégales, sont petites, anguleuses, et un peu déprimées latéralement; elles sont rougeâtres et trèstendres. L'amande en est fort amère, et présente comme dans celles du *Juglans amara*, des sinuosités profondes qui la pénètrent de toutes parts. Ces fruits, comme on le pense bien, ne sont pas mangeables. Le bois du *Juglans aquatica*, quoique participant des propriétés de tous les autres Noyers Hickerys, leur est cependant inférieur sous tous les rapports, attendu qu'il vient dans des lieux très-aquatiques.

Cet arbre dont j'ai rapporté des noix en France, pousse vigoureusement, et supporte bien les froids de nos hivers; cependant je ne crois pas qu'il mérite de trouver place dans nos forêts européennes, ni même d'être ménagé dans les défrichemens en Amérique. La partie méridionale des États-Unis possède d'ailleurs beaucoup d'espèces plus utiles, comme bois de constructions; car celui-ci, comme ceux de tous les Noyers Hickerys, ne convient en aucune manière à cet usage.

PLANCHE V.

Rameau avec des feuilles de grandeur naturelle.

Fig. 1 *, noix recouvertes de leur brou. Fig.* 2 *, noix séparée du brou.*

JUGLANS *TOMENTOSA.*

MOCKER NUT HICKERY.

JUGLANS *tomentosa foliolis* 7—9^{nis}, *læviter serratis, subtus conspicuè villosis, impari sub - petiolato; amentis compositis, longissimis, filiformibus , eximiè tomentosis, fructu globoso vel oblongo, nuce quadrangulá , crassá durissimáque.*

DANS la partie de l'État de New-Jersey qui avoisine la rivière Hudson, ainsi qu'à New-York et dans les environs de cette ville, cette espèce de Noyer est connue sous le nom de *Mocker nut*, Noyer à noix moqueuse , et quelquefois encore de *White heart Hickery*, Hickery à cœur blanc; tandis qu'à Philadelphie, à Baltimore et dans la Virginie, celui de *Common Hickery*, Hickery ordinaire, est le seul en usage. Les François des Illinois lui donnent le nom de *Noyer dur.* J'ai cru devoir conserver la première de ces dénominations, parce qu'elle exprime un des caractères du fruit de cet arbre, qui n'est véritablement pas plus abondant dans la Pensylvanie, et plus au midi, que les autres Noyers Hickerys, comme paroîtroit l'indiquer le nom qu'il y porte. Vers le nord je n'ai pas observé le *Juglans tomentosa*, au-delà de Portsmouth dans l'État de Massachussett, quoiqu'il soit déjà assez commun aux environs de Boston et de New-Providence, situés seulement à 100 milles plus au sud; enfin il est peut-être plus abondant que partout ailleurs dans les forêts qui existent encore

Mocker Nut Hickory.

Juglans tomentosa.

dans la partie atlantique des États du milieu, ainsi
que dans celles qui couvrent les Hautes-Carolines
et la Haute - Géorgie; mais dans ces mêmes États,
il est proportionnellement beaucoup plus rare vers
la mer, à cause de la stérilité du sol, qui est généralement aride et sablonneux, et par suite peu favorable à sa végétation. J'ai cependant remarqué que
c'est le seul des Hickerys dont on trouve toujours des
rejetons dans les Pinières, *Pine barrens;* ces rejetons brûlés tous les ans, ne s'élèvent jamais qu'à
1 mètre (3 ou 4 pieds). J'ai fait la même observation en traversant les grandes prairies naturelles,
Big barrens, du Kentucky et du Ténessée; car le
Juglans tomentosa et le *Quercus ferruginea*, sont
les seules espèces d'arbre qui s'y trouvent disséminées, et qui résistent aux incendies qui presque à
chaque printemps, embrâsent ces prairies. C'est probablement à cause de cela, qu'en partie arrêtés
dans leur végétation , ils ne parviennent l'un et
l'autre qu'à 2 ou 3 centimètres (8 ou 10 pieds) d'é-
lévation.

Comme la plupart des autres Noyers du pays, on
trouve de préférence celui-ci dans des terreins de
bonne qualité, et principalement sur les côteaux à
pente douce qui entourent les marais, où il se trouve
mêlé avec des Liquidambars, des Tulipiers, des Éra-
bles à sucre, des Noyers à noix amères , des Noyers
noirs, etc. Dans de pareilles situations, il atteint son
plus grand développement, qui est ordinairement
d'environ 20 mètres (60 pieds), sur 50 à 60 centi-

mètres (18 à 20 pouces) de diamètre. Je me ressouviens cependant d'avoir vu des individus d'une plus grande dimension, près de Lexington en Kentucky; mais cela tient à l'extrême fertilité de ces contrées, et cet accroissement n'est pas ordinaire, tant pour cet arbre que pour beaucoup d'autres, en-deçà des Monts-Alléghanys. Le *Juglans tomentosa* est néanmoins de tous les Noyers Hickerys, celui qui paroît être le plus susceptible de croître dans des terreins de médiocre qualité ; car, quoiqu'il soit d'une mauvaise apparence, et en quelque sorte rabougri, il fait partie des forêts dégradées et appauvries, qui occupent les terreins maigres et graveleux de la plus grande partie de la Basse-Virginie.

Dans cette espèce, les bourgeons sont gros, courts, d'un gris blanc et très-durs, ce qui suffit en hiver pour la faire reconnoître, et c'est même à cette époque de l'année où les feuilles sont tombées, le seul caractère auquel on puisse alors s'attacher dans les individus qui sont au-dessus de 2 à 3 mètres (8 à 10 pieds) de haut. Dans les premiers jours de mai, les bourgeons grossissent beaucoup, les écailles extérieures tombent et les internes persistent; enfin celles-ci se séparent et laissent apercevoir les jeunes feuilles qui grandissent si rapidement, que je les ai vu acquérir 50 centimètres (20 pouces) en dix-huit jours : chacune d'elle est composée de quatre paires de folioles sessiles et terminées par une impaire. Ces folioles longues de 16 à 22 centimètres (6 à 8 pouces) de forme ovale - acuminée, légèrement dentées dans leur contour, sont odorantes, assez épaisses, très-velues inférieurement, ainsi que le pétiole commun auquel elles sont fixées. Dès les premiers froids, les feuilles de cette espèce d'Hickery deviennent d'un beau jaune, et tombent peu de temps après. Les fleurs mâles, disposées sur des chatons longs de 16 à 20 centimètres (6 à 8 pouces), velus, flexibles et pendans, sont réunis trois à trois sur un pédicule commun, et attachés aux aiselles des premières feuilles des pousses de l'année, aux extrémités desquelles sont situées les fleurs femelles, qui sont peu apparentes et d'un rose pâle.

Les fruits du *Juglans tomentosa*, sont à maturité vers le 15 novembre, ils sont odorans, sessiles ou très-rarement pédonculés; le plus souvent réunis deux à deux. Sous le rapport de la forme et de la grosseur, ils offrent des différences très-remarquables : dans quelques arbres, ces fruits sont parfaitement ronds avec des sutures rentrantes ; chez d'autres, ils sont très-allongés avec des sutures sortantes ou anguleuses, les uns ont plus de 6 centimètres (2 pouces) de longueur sur 24 à 30 millimètres (12 à 15 lignes) de diamètre, d'autres ont moins de moitié de cette grosseur. Le brou qui conserve toujours beaucoup d'épaisseur, devient dur et ligneux vers l'automne. A cette époque, il s'ouvre inégalement, et seulement dans les deux tiers de sa longueur, pour laisser échapper la noix. La coquille fort épaisse, légèrement striée, et d'une extrême dureté, renferme une amande douce, mais petite et difficile à extraire à cause des cloisons très-fortes qui la partagent; et c'est probablement pour cela qu'on a donné à cette espèce le nom de Noyer à Noix moqueuse. Les noix varient non - seulement dans la configuration et dans le volume, mais encore dans le poids, et cela à un tel point, qu'on croiroit qu'elles appartiennent à des arbres d'espèces différentes; car quelques-unes de ces noix, sont presque rondes et si petites, qu'elles ne pèsent pas tout-à-fait un gros, tandis que d'autres sont très-allongées, à angles saillans, et si volumineuses, qu'elles en pèsent plus de quatre. Lorsque ces dernières sont débarrassées de leur brou, il est quelquefois possible de les confondre avec celles des *Juglans laciniosa*, et les premières avec quelques-unes des variétés appartiennent au *Juglans porcina*. Parmi ces différentes variétés, j'ai fait figurer de grandeur naturelle, celle qui est la plus commune. La grande dureté de ces noix, et la difficulté d'en extraire l'amande, qui d'ailleurs est peu fournie, sont cause qu'on n'en apporte que rarement aux marchés.

Le tronc du *Juglans tomentosa*, dans les vieux arbres, est revêtu d'une écorce profondément crevassée, point écailleuse, très - épaisse, et très-consistante. Son bois de la même couleur et de la même texture que les autres Noyers Hickerys, jouit des mêmes propriétés qui rendent les arbres de cette classe si remarquables. Celui-ci est surtout préférable comme combustible. Pour cet usage on choisit les arbres qui ont de 16 à 20 centimètres

(6 à 8 pouces) de diamètre, parce que lorsqu'ils ont atteint cette grosseur, leur bois donne plus de chaleur, et comme le cœur qui est de couleur rougeâtre n'est pas encore développé, on donne alors fréquemment à cette espèce le nom de *White heart Hickery*, Hickery à cœur blanc. Dans les campagnes on se sert quelquefois de son écorce pour en obtenir une couleur verdâtre, mais l'usage qu'on en fait est très-limité.

De tous les Noyers Hickerys, c'est celui dont la végétation est la plus lente, ce dont je me suis assuré par les semis que j'ai fait des noix de ses diverses espèces, ainsi que par la longueur comparative de leurs pousses annuelles. J'ai cru aussi remarquer que son bois étoit le plus susceptible d'être attaqué par les insectes, et notamment par le *callidium flexuosum*, dont la larve le ronge intérieurement. Ces différentes considérations, sont, je pense, des motifs assez puissans, pour engager les personnes qui voudront former de grandes plantations, à donner la préférence à quelques autres espèces que je me propose d'indiquer.

PLANCHE VI.

Feuille du tiers de la grandeur naturelle.
Fig. 1, *noix revêtue de son brou. Fig.* 2, *noix séparée du brou.*
Fig. 3, callidium flexuosum.

JUGLANS *SQUAMOSA.*

SHELL BARK HICKERY.

JUGLANS *squamosa, foliolis quinis majoribus, longè petiolatis, ovato-acuminatis, serratis, subtus villosis, impari sessili : amentis masculis compositis, glabris filiformibusque : fructu globoso, depresso, majore; nuce compressá, albá.*

LA disposition assez singulière qu'offre l'écorce de cette espèce de Noyer, lui a fait donner les noms de *Shell bark Hickery*, de *Scaly bark*, de *Shag bark Hickery*, Hickery à écorce écailleuse. Parmi les différentes dénominations, dont la signification est à-peu-près la même, j'ai conservé la première, comme plus généralement en usage dans les États du milieu et du sud. Les descendans des Hollandois, qui habitent cette partie du New-Jersey qui avoisine la ville de New-York, lui donnent encore fréquemment le nom de *Kiskythomas nut*, et les François des Illinois, *Noyer tendre.*

Les environs de Portland, dans l'État de New-Hampshire, sont un des points les plus avancés vers le nord où j'ai trouvé le *Juglans squamosa;* mais sa végétation m'a paru y être restreinte par la rigueur des froids qu'on éprouve déjà sous cette latitude ; car il est peu élevé, et les fruits n'y acquièrent qu'une grosseur médiocre. Je ne l'ai pas trouvé dans les forêts du district de Maine, non plus que dans celles

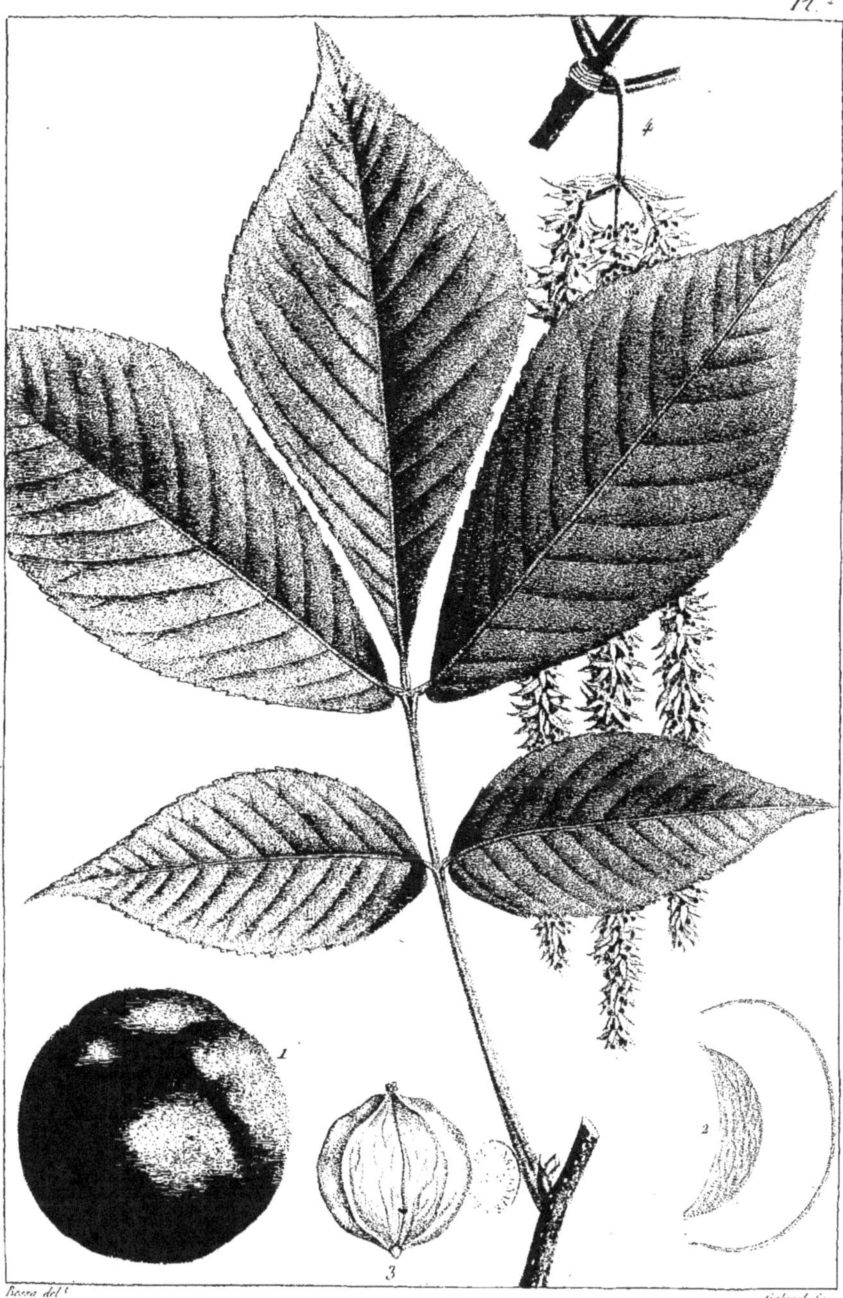

Shell bark Hickory.

Juglans squamosa.

de l'État de Vermont, situées un peu plus avant vers le nord. Cet arbre est au contraire fort commun sur les bords du lac Érié, près de la Nouvelle-Genève, dans le Génessée; le long de la rivière des Mohawks; près de Goshen, dans le nouveau Jersey, enfin sur les rives de la Susquehannah et de la Schuylkill, dans la Pensylvanie. Il l'est comparativement beaucoup moins dans le Maryland, la Basse-Virginie, ainsi que dans les États méridionaux. Dans la Caroline du sud, un des endroits les plus rapprochés de Charsleston où je l'ai observé, se trouve dans la paroisse de Goose Creek, à 24 milles de cette ville; on le rencontre encore dans les États de l'ouest; mais il y est moins répandu que l'espèce suivante, avec laquelle il a beaucoup de ressemblance, ce qui fait que les habitans les confondent et leur donnent le même nom. A l'est des Monts-Alléghanys, le *Juglans squamosa* croît exclusivement autour des *swamps* ou marais, ainsi que dans les endroits très-frais, qui sont souvent exposés à être submergés pendant plusieurs semaines de suite. Dans de pareilles situations, il se trouve le plus ordinairement mêlé avec le *Quercus discolor*, l'*Acer rubrum*, le *Liquidambar styraciflua*, le *Nyssa* et le *Platanus occidentalis*. C'est de tous les Noyers Hickerys, celui qui parvient à une plus grande élévation sur un plus petit diamètre, car il acquiert quelquefois 20 à 25 mètres (80 à 90 pieds) de hauteur, sur moins de 65 centimètres (2 pieds) d'épaisseur. Son tronc dépourvu de branches dans les trois quarts de sa hauteur, est d'une grosseur régulière et presque uniforme jusqu'à la naissance de ses premières branches, ce qui en fait un arbre magnifique ; mais ce qui lui donne surtout une apparence singulière et le fait reconnoître tout de suite à une grande distance, c'est l'aspect que présente son tronc, dont l'écorce (épiderme) se divise naturellement en un grand nombre de bandes étroites et longues de 30 à 96 centimètres (1 à 3 pieds), qui sont recourbées en arrière, et ne sont plus adhérentes que par leur partie moyenne. Ainsi hérissé du haut en bas de pointes saillantes, le *Juglans squamosa* est bien propre à attirer l'attention de l'homme le plus indifférent. Cette exfoliation de l'épiderme qui s'opère d'une manière si remarquable, n'a lieu que dans les arbres qui ont acquis plus de 25 centimètres (10 pouces) de diamètre, quoiqu'elle s'annonce long-temps auparavant par de longues gerçures. Ce caractère qui est très-suffisant pour le faire reconnoître lorsqu'il est privé de ses feuilles en hiver, n'existe pas encore dans les sept ou huit premières années de sa croissance ; aussi pourroit-il alors être confondu facilement avec les *Juglans tomentosa* et *Juglans porcina*, si on n'avoit pas recours à l'examen des bourgeons. Dans ces deux dernières espèces, et assez généralement dans tous les autres arbres, ils sont formés d'écailles, étroitement appliquées les unes sur les autres, tandis que dans l'espèce dont il est ici question, les deux écailles plus extérieures ne les embrassent qu'à moitié, et laissent dans la partie supérieure un intervalle très-marqué. Je me plais même à considérer cette disposition particulière de ces deux écailles, propre à cette espèce et à la suivante, comme le principe de l'exfoliation de son épiderme. Au printemps, dès que l'action de la séve commence à se manifester, ces deux écailles tombent, les plus internes grandissent considérablement, et se chargent d'un duvet soyeux et mordoré; enfin après un intervalle d'environ quinze jours, les bourgeons qui ont déjà acquis près de 6 centimètres (2 pouces) de longueur, crèvent, et laissent apercevoir les jeunes feuilles, dont le développement est souvent si rapide, que dans le courant du premier mois, elles ont acquis toute leur grandeur, qui est quelquefois de plus de 60 centimètres (20 pouces) dans les arbres encore jeunes, et dont la végétation est très-vigoureuse. Dans cette espèce, chacune des feuilles est composée de deux paires de folioles, plus une impaire pétiolée : ces folioles sont lisses et d'un vert agréable en dessus, et finement veloutées en dessous; elles sont dentées dans leur contour. Les inférieures sont proportionellement beaucoup moins grandes que les deux suivantes, qui le sont presqu'autant que l'impaire. Celle-ci a souvent 30 centimètres (1 pied) de longueur, sur 10 centimètres (4 pouces) de largeur. Comme dans l'espèce précédente, les fleurs mâles qui paroissent du 15 au 20 mai dans l'État de New-York, sont disposées sur des chatons longs de 13 à 16 centimètres (5 à 6 pouces), glabres, flexibles et pendans ; ces chatons sont réunis trois à trois, et sont supportés par un pétiole commun , qui est attaché aux aisselles des premières pousses de l'année. Les fleurs femelles verdâtres et peu apparentes, sont au contraire situées à leurs extrémités. Les fruits du *Juglans squamosa,* sont en maturité vers le 1er. octobre ; dans certaines années, ils sont si abondans, qu'un seul arbre en donne cinq à six minots. Suivant la nature du sol et de l'exposition, ils varient pour la grosseur, qui est assez généralement de 15 centimètres (5 pouces et demi) de circonférence ; pour la forme elle est toujours la même. Ils sont arrondis, et présentent quatre sutures rentrantes, opposées les unes aux autres, qui indiquent le point où la division du brou doit se faire ; car il se partage en quatre segmens égaux, qui se séparent entièment les uns des autres au moment de la complète maturité. Cette division totale du brou doit même être considérée avec son épaisseur très-remarquable, et qui est hors de toute proportion avec la noix, comme un caractère particulier aux Noyers à écorce écailleuse. Les noix du *Juglans squamosa,* sont petites, blanches, comprimées latéralement, et présentent quatre angles marqués, qui correspondent aux quatre divisions du brou.

De tous les Noyers de l'Amérique septentrionale que nous connoissons, c'est celui dont les noix, après celles du Pacanier, renferment l'amande la plus douce et la plus fournie ; la coquille qui la contient est assez mince, quoiqu'elle soit encore suffisamment épaisse pour qu'on soit obligé de casser ces noix avant de les servir sur la table ; car elles sont trop dures pour pouvoir être brisées en les pressant l'une contre l'autre dans la main , comme cela se fait ordinairement à l'égard des noix d'Europe, qui, bien certainement, leur sont très-préférables. Les noix du *Juglans squamosa*, sont cependant encore assez recherchées, car elles forment un petit article de commerce, qui se trouve porté dans les listes des exportations des produits du sol des Etats-Unis. Cette exportation qui ne s'élève pas annuellement à plus de *quatre* à *cinq cents* minots, a lieu principalement de New-York et de quelques petits ports du Connecticut, d'où ces noix sont envoyées dans les Etats méridionaux, et dans les colonies des Indes occidentales, quelquefois même il en vient à Liverpool : dans ces différens endroits, elles sont connues sous le nom d'*Hickery nuts*, noix d'Hickery. Ces noix qui se vendent au marché de New-York, environ 10 francs (2 dollars) le minot, sont ou ramassées dans les bois, ou proviennent des arbres, qui lors des premiers défrichemens, ont été conservés au milieu des champs cultivés. C'est principalement dans les environs de Goshen, Etat de New-Jersey, et dans plusieurs fermes situées sur les bords de la rivière Hudson, 30 milles au delà d'Albany, que j'ai remarqué qu'on a eu cette sage précaution.

Les Indiens qui habitent sur les bords des lacs Érié et Michigan, recueillent ces noix pour l'hiver ; ils en pilent une partie dans des mortiers de bois, et font bouillir cette pâte dont ils retirent une matière huileuse qui surnage, et qu'ils mêlent avec leurs alimens.

Avant de parler des propriétés du Noyer écailleux, sous le rapport de son bois, je ne puis m'empêcher de faire mention d'une fort belle variété de ces noix, produites par quelques arbres qui existent dans une ferme, situées au Seacocus, près de Snake Hill, dans le New-Jersey. Elles ont presque le double de grosseur de celles que j'ai vues partout ailleurs ; la coquille est également blanche et comme bosselée au lieu d'être anguleuse. Un siècle de culture n'amèneroit peut-être pas les autres au point de perfection où se trouvent déjà celles-ci, qui elles-mêmes étant greffées, augmenteront encore beaucoup de volume.

Le bois de *Juglans squamosa*, possède toutes les propriétés particulières aux Noyers Hickerys, qui sont la pesanteur, la force, l'élasticité et la ténacité ; comme eux il a le même défaut, celui de pourrir très-promptement et d'être attaqué par les vers. Cependant comme cette espèce s'élève à une grande hauteur, sur un diamètre très-uniforme, on s'en est quelquefois servi à New-York et à Philadelphie, pour faire la quille des vaisseaux, mais il est rare qu'on l'employe actuellement à cet usage, les plus grands arbres ayant été abattus dans les environs des ports de mer. On a aussi reconnu que le bois de cette espèce se fendoit plus facilement, et qu'il avoit un plus grand degré de souplesse : c'est pour cela que dans quelques cantons de la Pensylvanie, on en fait des paniers et surtout des manches de fouets de carrosses, fort estimés à cause de leur grande élasticité. On en fait même passer un certain nombre de paquets ou de bottes en Angleterre. C'est encore à cause de cette même propriété, et parce qu'il a le grain un peu plus fin, que les tourneurs qui dans les campagnes des environs de New-York et de Philadelphie, préparent les pièces destinées à composer les chaises, dites de Windsor, lesquelles sont toutes en bois, se servent par préférence de celui de cette espèce, pour en faire les baguettes qui en forment le dos. J'ai eu plusieurs fois occasion de remarquer, que parmi les différentes sortes de bois Hickerys, apportées en hiver à New-York pour combustible, celui de cette espèce dominoit, non qu'elle soit la plus estimée sous ce rapport, mais parce qu'elle paroît être plus commune sur les bords ou dans le voisinage de la rivière du Nord.

Telles sont les usages auxquels le bois du *Juglans squamosa*, m'a paru le plus spécialement adapté. Par ce qui a été dit précédemment, on a vu que cet arbre s'élevoit à une très-grande hauteur, et qu'il étoit d'une superbe venue. Je crois donc qu'il doit être introduit dans les forêts européennes, et qu'on devra le placer de préférence dans les endroits frais, analogues à ceux où on le trouve le plus souvent dans l'Amérique septentrionale. Sa réussite sera certaine dans le nord de l'Europe; car il peut supporter les froids les plus rigoureux.

Je ne connois en France que deux individus de

cette espèce de Noyer qui portent des fruits, l'un se trouve à Denainvillier, près Pethivier, dans les possessions de la famille de M. Duhamel du Monceau, et l'autre à S. Germain-en-Laye, dans l'ancien jardin de M. le maréchal de Noailles; mais l'administration forestière en a dans ses pépinières plus de douze milles plants, qui sont provenus des envois faits pendant mon dernier voyage dans l'Amérique septentrionale. On peut donc regarder dorénavant, la multiplication de cet arbre utile et très-beau, comme assurée dans nos forêts.

PLANCHE VIII.

Feuille composée de cinq folioles.

Fig. 1, noix revêtue de son brou. Fig. 2, portion du brou, qui montre sa grande épaisseur. Fig. 3, noix séparée du brou. Fig. 4, chaton composé ou divisé en trois parties, caractère commun à tous les Noyers Hickerys.

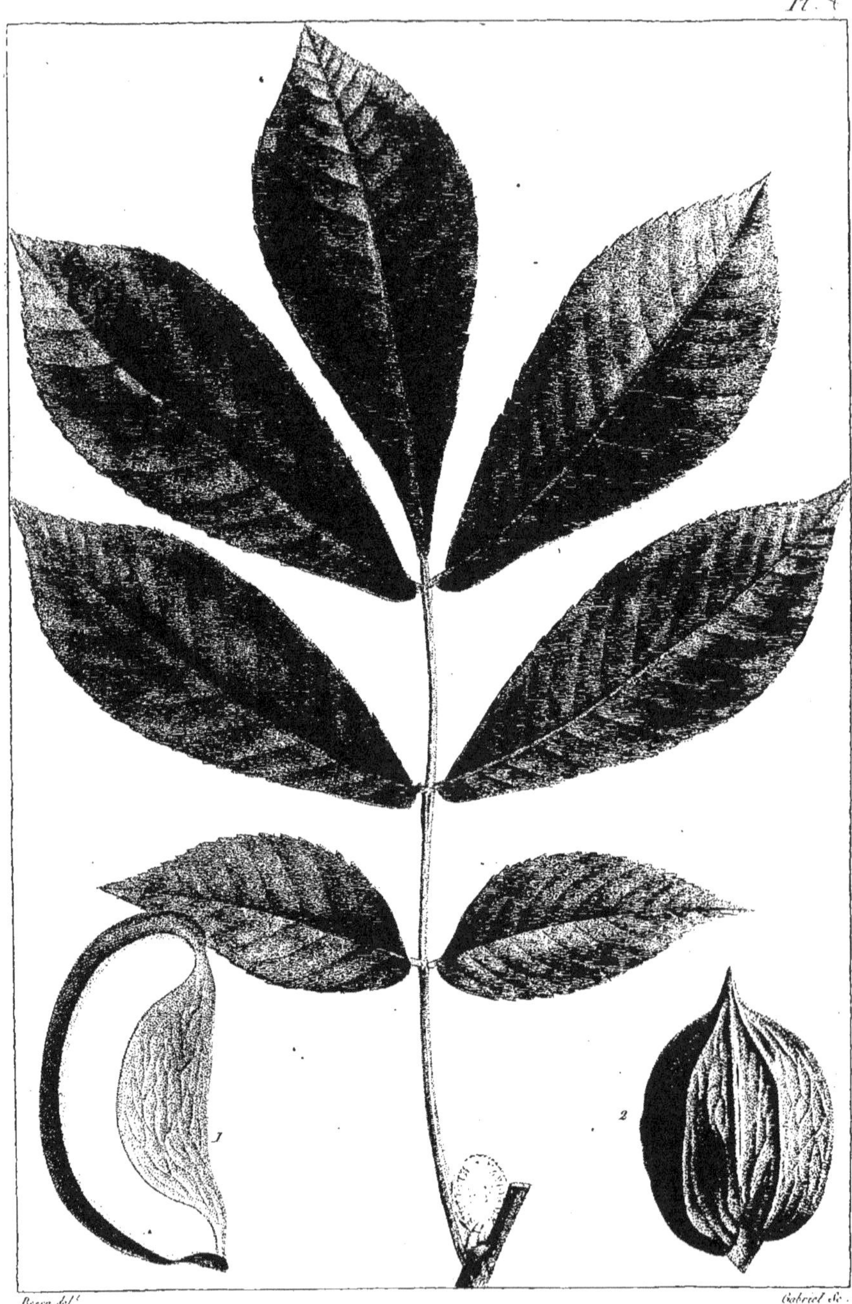

Thick Shell bark Hickory.

Juglans laciniosa.

JUGLANS *LACINIOSA.*

THICK SHELL BARK HICKERY.

Juglans *laciniosa , foliis majoribus ; foliolis* 7 — 9^{nis}, *ovato - acuminatis , serratis , subtomentosis , impari petiolato. Fructu majore , ovato; nuce oblongá , crassá, mediocriter compressá.*

Cette espèce, qui a beaucoup de rapport avec celle qui a été précédemment décrite, est fréquemment confondue avec elle, par les habitans des contrées de l'Ouest, qui lui donnent le même nom; cependant quelques-uns d'entr'eux la distinguent par celui de *Thick shell bark Hickery*, Noyer écailleux à coque épaisse, dénomination très-appropriée, et qui doit être conservée. Cet arbre est assez rare à l'ouest des Monts-Alléghanys; car il ne se rencontre que dans un petit nombre d'endroits, notamment sur la rivière *Schuylkill*, à 30 ou 40 milles de son embouchure, dans la Delaware, ainsi que dans les environs de Springfield, éloignés de 12 à 15 milles de Philadelphie, où l'on donne à son fruit le nom de *Springfield nut*, noix de Springfield. Cette espèce se retrouve encore dans le comté de Glocester en Virginie, où elle porte le nom de *Glocester nut*, Noix de Glocester. Ces différentes dénominations locales, tendent à confirmer ce que j'ai dit plus haut, que cet arbre étoit plus rare en-deçà des Monts-Alléghanys, comme j'ai eu occasion de m'en assurer dans le cours de mes voyages. Il est au contraire trèsmultiplié dans tous les bas-fonds qui accompagnent l'Ohio et les autres rivières qui viennent s'y rendre, et il concourt avec le *Gleditsia triacanthos*, l'*Acer nigrum*, le *Celtis crassifolia*, le *Juglans nigra*, le *Cerasus virginiana*, l'*Ulmus americana*, l'*Ulmus fulva*, l'*Acer negundo*, l'*Acer dasycarpum* et le *Platanus occidentalis* à former les forêts épaisses et ténébreuses qui couvrent tous ces vallons. Cette espèce de Noyer Hickery, s'élève comme le *Juglans squamosa*, à plus de 25 mètres (80 pieds), et sa cîme très-élargie, est aussi supportée par un tronc droit et d'une grosseur proportionnée à sa haute élévation. Son écorce (épiderme) présente aussi cette même disposition singulière qui a lieu dans le *Juglans squamosa.* Les lames les plus extérieures se partagent en bandelettes longues de 32 à 96 centimètres (1 à 3 pieds), qui, se recourbant à leurs extrémités, ne tiennent plus que par leur partie moyenne, finissent par tomber, et sont successivement remplacées par d'autres, qui offrent le même arrangement. On remarque seulement que dans l'espèce qui fait le sujet de cette description, les lames sont plus étroites, plus nombreuses et d'une couleur moins obscure; ce sont ces différences qui m'ont déterminé à lui donner le nom spécifique de *laciniosa.* Les deux écailles les plus externes des bourgeons, ne sont point appliquées exactement sur les plus internes, mais sont écartées comme dans le *Juglans squamosa.* Les feuilles suivent aussi la même marche dans leur développement. Leur longueur varie depuis

22 jusqu'à 54 centimètres (8 jusqu'à 20 pouces), elles ont la même configuration, la même grandeur et la même texture ; mais elles en diffèrent, en ce qu'elles sont composées de six folioles latérales, et quelquefois de huit au lieu de quatre ; ce dernier nombre est invariable dans le *Juglans squamosa*. Les fleurs mâles et les chatons auxquels elles sont attachées, présentent la même disposition que dans cette dernière espèce, si ce n'est que ces chatons sont un peu plus longs. Les fleurs femelles, peu apparentes, de couleur verdâtre, sont aussi situées aux extrémités des jeunes pousses de l'année, il leur succède des fruits trèsgros, de forme ovale, et qui ont un peu plus de 6 centimètres (2 pouces) de longueur, sur 10 à 12 (4 à 5 p.) de circonférence. Comme ceux du *Juglans squamosa*, ils offrent quatre sutures rentrantes, qui, à l'époque de la complète maturité, se partagent dans toute leur longueur, pour laisser échapper la noix. Mais la forme de celle de l'espèce que nous décrivons, a une configuration entièrement différente ; elle a le double de grosseur ; elle est plus longue que large, et se termine à sa partie supérieure ainsi qu'à sa base, par une pointe assez forte. La coquille est aussi plus épaisse et de couleur jaunâtre ; tandis qu'elle est toujours blanche dans le *Juglans squamosa*, ce qui lui avoit fait donner le nom spécifique d'*alba*, et que j'ai cru devoir changer, parce que ce caractère lui est commun avec une autre espèce, dont je ferai mention à la suite de cet article.

On apporte tous les automnes au marché de Phi-

ladelphie, des noix du *Juglans laciniosa*, mais la
quantité se réduit à quelques minots, et le plus souvent on les vend mêlées avec celles du *Juglans
tomentosa*, ressemblant assez à quelques variétés de
cette espèce. Je ne puis considérer le Glocester Hickery, que comme une variété du *Juglans laciniosa*,
car ces deux arbres ont la plus grande analogie
entr'eux par leur port, leurs jeunes pousses, le
nombre de leurs feuilles, ainsi que par les chatons
qui portent les fleurs mâles Les noix seules diffèrent
assez essentiellement; celles qui sont produites par
les Noyers du comté de Glocester en Virginie, sont
d'un tiers plus volumineuses, et leur coquille, de
moitié plus épaisse, a une telle dureté, qu'elle ne
cède qu'à de forts coups de marteau ; enfin leur
teinte est la même que celle des noix du *Juglans
tomentosa*, ce qui pourroit les faire confondre avec
les plus belles variétés que produit cette espèce.

Le *Juglans laciniosa*, comme on a pu le voir
par ce qui a été dit précédemment, a beaucoup de
ressemblance avec le *Juglans squamosa*, et son bois
qui est de la même couleur et de la même texture,
en réunit également les propriétés, outre celles
qui sont particulières aux Noyers Hickerys ; mais
sous le rapport de ses fruits, quoique plus gros, il
lui est inférieur. C'est cette seule considération qui
devra engager les habitans des contrées de l'Ouest,
lorsqu'ils feront de nouveaux défrichemens, à laisser
subsister de préférence le vrai *Juglans squamosa*
lorsque ces deux espèces se rencontrent sur le même

terrein. C'est également par cette même considération, et parce que le *Juglans squamosa* vient très-
bien dans des terreins moins fertiles et même élevés,
comme je l'ai observé à peu de distance de Brow-
n'sville, située sur la rivière Alléghany, que je pense
qu'on doit l'admettre préférablement aux autres espèces, dans les forêts européennes.

Remarq. Parmi les arbres étrangers qui se trouvent
dans le jardin impérial du petit Trianon, planté sous
le règne de Louis XV, se trouve un Noyer Hickery
qui fructifie. Je l'ai reconnu pour un Noyer écailleux à son feuillage et à ses fruits, qui sont en tout
semblables pour la forme et la couleur à ceux du
Juglans squamosa, si ce n'est qu'ils sont un peu plus
petits dans toute leur dimension. Les figures 1, 2
et 3 de la Planche VI, peuvent néanmoins en donner
une idée très - exacte. Mais cette espèce en diffère
essentiellement par ses feuilles, qui sont composées
de huit folioles, plus rarement de six, et qui sont
attachées sur un pétiole sensiblement velu. Ces
folioles ont d'ailleurs la plus grande ressemblance
avec celles du *Juglans laciniosa*, dont une est repré-
sentée Pl. VII. Je crois qu'on pourroit donner à cette
espèce la dénomination spécifique d'*ambigua*.

Il est probable que cet arbre provient de noix qui
furent envoyées de quelque partie de la Louisiane,
lorsque cette colonie appartenoit à la France.

Obs. Par la description que je viens de donner
des Noyers à écorce écailleuse, qui comprennent

les *Juglans squamosa*, *Juglans laciniosa* et *Juglans ambigua*, on a vu que ces arbres offrent entr'eux plusieurs traits de ressemblance assez saillans, et qui sembleroit autoriser à en former une section secondaire; car outre les caractères généraux qui les rangent parmi les Noyers Hickerys, et ceux d'après lesquels chacune des espèces a été établie, ils en ont d'autres qui leur sont communes, et qui les rapprochent tellement, que si on n'avoit point égard à quelques autres différences notables, on pourroit les confondre. Ainsi les caractères généraux propres aux Noyers Hickerys, sont d'avoir leurs fleurs mâles attachées sur des chatons trifides, pendans et flexibles, et d'offrir dans leur bois les mêmes propriétés physiques. A ces caractères, les Noyers écailleux réunissent toujours les suivans, qui sont, d'avoir : 1º. le brou qui renferme la noix, très-épais, lequel se partage complètement en quatre parties à l'époque de la maturité ; 2º. le tronc couvert d'une écorce écailleuse (indiquée, suivant moi, par les deux écailles les plus externes des bourgeons qui ne sont pas appliquées immédiatement sur celles de dessous) ; 3º. enfin leurs feuilles composées de folioles qui sont toujours très-grandes, et qui ont la même forme et la même texture. Si on compare ensuite ces espèces les unes avec les autres, on trouvera par exemple que les *Juglans squamosa* et le *Juglans ambigua*, diffèrent essentiellement et d'une manière constante par le nombre des folioles qui composent les feuilles ; ainsi il n'y en a jamais plus de *cinq* dans cette première espèce, tandis qu'il y en a toujours *neuf* dans la seconde. Mais d'une autre part, les fruits et les noix de l'une et de l'autre ont une telle ressemblance, qu'on croiroit qu'ils sont produits par le même arbre; car leurs fruits sont également ronds, à suture rentrante, et les noix sont de même comprimées et très-blanches. Enfin, si d'après un examen plus approfondi, on vient à reconnoître le Glocester Hickery, comme une espèce différente du *Juglans laciniosa*, on remarquera qu'ils se ressemblent par leurs feuilles, composées de *sept* folioles, et quelquefois de *neuf*, par un excès de force végétative; mais qu'ils diffèrent assez sensiblement par leurs fruits. Dans le *Juglans laciniosa*, ils sont toujours oblongs, et renferment une noix comprimée comme celle du *Juglans squamosa*, mais deux fois plus grosses et de couleur jaunâtre, tandis que les fruits de l'Hickery de Glocester sont orbiculaires, très-volumineux, et contiennent une noix très-grosse, presque arrondie, d'un gris-blanc, et dont la coquille a plus de deux lignes d'épaisseur, ce qui la rend d'une dureté extrême. J'observerai enfin, que ces espèces et cette variété de Noyers écailleux, se trouvent dans des contrées fort distantes les unes des autres, ou du moins que chacune d'elle y abonde en beaucoup plus grande proportion.

PLANCHE VIII.

Feuilles. Fig. 1 *, portion du brou. Fig.* 2 *, noix.*

JUGLANS *PORCINA.*

JUGLANS *porcina, foliolis 5—7ⁿⁱˢ, ovato acuminatis, serratis, glabris. Amentis masculis compositis, filiformis, glabris : fructu pyriformi vel globoso ; nuce minimâ lævi, durissimâ.*

CETTE espèce de Noyer Hickery est généralement connue dans les Etats-Unis, sous les différens noms de *Pig nut* et de *Hog nut*, Noyer à cochon; quelquefois encore sous celui de *Broom Hickery*, Hickery à balais. La première de ces dénominations étant la plus en usage, je l'ai conservée; car les deux autres ne le sont que dans quelques cantons de la Pensylvanie, et notamment dans le comté de Lancaster. Vers le nord, on peut considérer les environs de Portsmouth dans le New-Hampshire, comme très-rapprochés de l'endroit où commence à paroître le *Juglans porcina ;* mais un peu plus au sud, il est déjà fort commun, et dans la partie atlantique des Etats du milieu, il concourt à former la masse des forêts avec le *Juglans tomentosa*, le *Quercus alba*, le *Quercus discolor*, le *Liquidambar styraciflua*, le *Tulipier* et le *Cornus florida*. Dans les Etats méridionaux et surtout dans la partie maritime, il est moins répandu dans les bois, où on ne le trouve que sur le bord des marais, ou même dans ceux qui ne sont pas d'une nature entièrement bourbeuse et

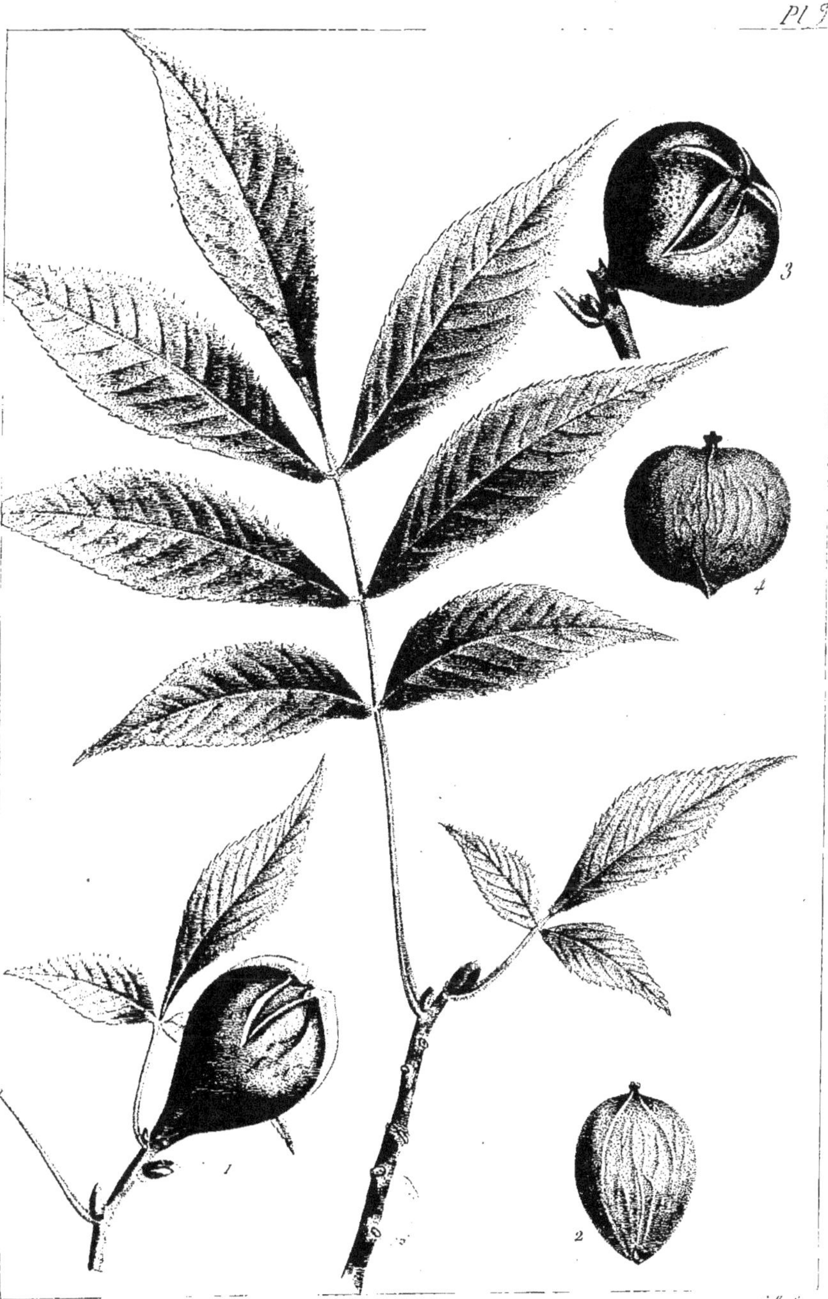

Pignut Hickory.
Juglans porcina.

exposés à être trop long-temps submergés. On retrouve aussi cet arbre dans les contrées de l'ouest; mais il m'a semblé qu'il n'y étoit pas aussi multiplié que le *Juglans laciniosa* et le *Juglans tomentosa.* J'ai encore observé que cette dernière espèce se rencontre partout où l'on voit le *Juglans porcina*, et que celui-ci au contraire, ne croît pas également où vient le *Juglans tomentosa*, qui paroît ne pas exiger un terrein aussi substantiel. J'ai fait cette remarque principalement dans la Basse-Virginie, et dans la partie inférieure des deux Carolines et de la Géorgie. Ainsi, à l'exception des États de Vermont et de New-Hampshire, du district de Maine, du Génessée et de la partie froide et montagneuse de toute la chaîne des Monts-Alléghanys, on trouve cet arbre plus ou moins abondamment dans les forêts.

Le *Juglans porcina*, est un des plus grands arbres des États-Unis, car il s'élève environ de 22 à 26 mètres (70 à 80 pieds), sur 10 à 12 décimètres (3 à 4 pieds) de diamètre. Dépourvu de feuilles en hiver, il est facile à reconnoître à ses dernières pousses qui sont de couleur brune, de moitié moins grosses que celles des *Juglans tomentosa* et *squamosa*, et terminées par des bourgeons ovales et très-petits. A cette même époque de l'année, il est aussi facile à distinguer du *Juglans amara*, dans lequel ils sont à nu et de couleur jaune. Comme dans les autres espèces d'Hickery à bourgeons écailleux, ceux de cet arbre ont au printemps, quelques jours avant de s'ouvrir, plus de 3 à 4 centimètres (1 pouce) de longueur : les écailles les plus internes sont les plus grandes et de couleur rougeâtre, et elles ne tombent que lorsque les feuilles ont déjà 12 à 13 centimètres (5 à 6 pouces) de longueur. Dans le *Juglans porcina*, les feuilles sont aussi composées, et elles varient, soit pour la grandeur, soit pour le nombre des folioles, suivant que les arbres croîssent dans un sol plus frais et plus fertile ; dans ce cas elles ont près de 48 centimètres (18 pouces), et leur nombre complet de folioles est de *six*, plus une impaire ; tandis que dans les cas contraire, elles n'en ont que *quatre* avec l'impaire. Ces folioles longues d'environ 10 à 12 centimètres (4 à 5 pouces), de forme lancéolato-acuminée, dentées dans leur contour, et presque sessiles, sont glabres en dessus et en dessous. Dans les arbres vigoureux et qui croîssent dans des endroits ombragés, le pétiole auquel elles sont attachées, est de couleur violacée.

Les chatons qui portent les fleurs mâles, sont glabres, filiformes et pendans : leur longeur est d'environ 8 centimètres (2 pouces), et ils offrent du reste, la même disposition que dans les autres espèces d'Hickery. Les fleurs femelles, verdâtres et peu apparentes, sont situées à l'extrémité des jeunes pousses. Il leur succède des fruits qui sont aussi souvent réunis deux à deux, que séparés. Le brou qui enveloppe la noix est d'un beau vert, assez mince, et à l'époque de la maturité il se partage inégalement, jusque dans la moitié de sa longueur, pour laisser échapper la noix. Celle-ci qui est fort petite, lisse et d'une grande dureté, à cause de l'épaisseur de la coquille, renferme une amande douce, mais peu fournie et très - difficile à extraire, à cause des cloisons fortes et ligneuses qui la partagent. Ces noix ne sont jamais portées au marché et elles deviennent la pâture des cochons, des racoons, et des nombreuses espèces d'écureuils qui peuplent les forêts de ces contrées.

Dans le *Juglans porcina*, la grosseur et la forme des noix varient beaucoup plus que dans les autres Hickerys. Quelques-unes sont ovales, et lorsqu'elles sont couvertes de leur brou, elles ressemblent assez à une jeune figue. D'autres sont plus larges que longues, ou même tout-à-fait rondes. Parmi celles qui présentent ces diverses formes, ou qui en dévient plus ou moins, il s'en trouve qui sont grosses comme le pouce, tandis que d'autres ne le sont pas plus que l'extrémité du petit doigt. Cependant quoique le même arbre donne tous les ans des noix qui offrent la même forme, je ne puis les considérer que comme des variétés, et cela, d'après l'examen attentif des jeunes pousses, des bourgeons et des chatons. Dans la nouvelle édition du Species plantarum, publiée par Wildenow, on a décrit, comme deux espèces différentes, les deux variétés les plus notables. Celle à fruit oblong a été désignée sous le nom de *Juglans glabra*, et celle à fruit rond dont le brou est un peu raboteux, sous celui de *Juglans obcordata;* dinstinctions que je ne puis admettre, malgré toute la déférence que je dois aux connoissances botaniques de M^r. le Rév^d. docteur Muhlemberg, qui partage cette opinion.

Le bois du *Juglans porcina*, est semblable pour la couleur de l'aubier et du cœur à celui des autres Hickerys ; il en possède également tous les avantages et tous les défauts. Cependant j'ai vu dans les campagnes plusieurs charrons qui lui trouvoient plus de force et de ténacité, et qui, pour cette raison, le préféroient aux autres espèces, pour en faire les essieux des voitures et les manches de coignées. D'après ces considérations, je pense que le *Juglans porcina* mérite d'être introduit dans les forêts européennes, où sa réussite peut à l'avenir être regardée comme certaine.

PLANCHE IX.

Rameau avec ses feuilles réduites des trois-quarts de la grandeur naturelle.

Fig. 1 , noix revêtue de son brou. (Variété à forme oblongue.) Fig. 2 , noix séparée du brou. Fig. 3 , noix revêtue de son brou. (Variété à forme plus large que longue.) Fig. 4 , noix séparée du brou.

Nutmeg Hickory Nut.

Juglans myristicæformis.

JUGLANS *MYRISTICÆFORMIS.*

JUGLANS *myristicæformis, foliis quinis; foliolis ovato-acuminatis, serratis, glabris. Fructu ovato, scabrius-culo, nuce minimâ, durissimâ.*

CETTE espèce de Noyer Hickery, qui est particulière aux États méridionaux, n'a reçu jusqu'à présent des habitans aucune dénomination particulière. Le nom de *Nutmeg Hickery*, Hickery muscade, que je lui ai donné, m'a paru assez convenable, d'après la ressemblance qu'ont les noix qu'il produit, avec celle d'une muscade

Je n'ai pas personnellement trouvé cet arbre dans les forêts de ces contrées, ce qui me fait présumer qu'il y est peu multiplié. Il est vrai que pendant le plus long séjour que j'ai fait dans cette partie des États-Unis, je ne pensois pas à publier l'ouvrage dont je m'occupe en ce moment, et que je ne me livrois pas à cette époque, avec autant de persévérance et d'activité au genre particulier de recherches qui depuis y ont donné lieu. Je ne connois donc le *Juglans myristicæformis*, que par un rameau et une trentaine de noix qui me furent donnés à Charleston, dans l'automne de 1802, par le nègre jardinier de M. H. Izad, qui les ramassa dans un marais attenant l'habitation de son maître, dite *The Elms*, et qui est située dans la paroisse de Goose

Creek. C'est donc seulement d'après l'inspection des rameaux et des noix, que j'ai jugé qu'elles appartenoient à la section des Noyers Hickerys, et que je l'ai décrite comme telle. En effet ses feuilles qui sont composées de quatre folioles, plus une impaire, sont également disposées. Je remarquai encore que les pousses de l'année précédente, étoient flexibles et coriacées.

Les noix renfermées dans un brou mince et légèrement inégal à sa surface, sont fort petites, lisses, de couleur brune, et parsemées de lignes blanchâtres. La coquille est tellement épaisse, qu'elle compose plus des deux tiers de leur grosseur; aussi ces noix sont elles d'une dureté extrême, et ne contiennent qu'une amande fort petite; enfin elles sont encore inférieures à celles du *Juglans porcina*.

Je ne doute pas que le *Juglans myristicæformis*, ne soit plus commun dans la Basse-Louisiane; ce sera donc aux personnes qui s'occuperont de recherches analogues à celles que j'ai faites dans les Etats-Atlantiques et dans ceux de l'Ouest, à étudier cet arbre sous des rapports plus étendus que je n'ai pu le faire, et à compléter par suite la description bornée que je viens de donner.

PLANCHE X.

Rameau avec des noix revêtues de leur brou.
Fig., noix séparée du brou.

RÉSUMÉ

DES PROPRIÉTÉS ET L'EMPLOI DANS LES ARTS DES BOIS DES
NOYERS HICKERYS.

Dans la courte introduction qui a précédé la
description que je viens de donner des Noyers de
l'Amérique septentrionale, j'ai fait remarquer que
ceux qui appartenoient à la deuxième section, étoient
susceptibles de varier beaucoup, soit en raison de
la nature du sol, plus sec ou plus humide, soit par
la grosseur et la forme de leur fruit, soit par le
nombre des folioles qui composent les feuilles :
d'où il résultoit souvent un tel rapprochement
entr'eux, que des personnes peu exercées pouvoient
les confondre, et considérer comme des espèces
distinctes, ce qui n'étoit que de simples variétés.
On observe encore, que si on enlève l'épiderme ou
la partie morte de l'écorce de tous les Noyers Hickerys, on trouvera que celle de toutes les espèces
ont la même organisation. Dans les autres arbres,
la partie fibreuse et la substance nécessaire sont
ordinairement mêlées; ici, au contraire, elles sont
séparées; la première représente des losanges très-ré-
gulières. Ces losanges sont plus petites dans les jeunes
arbres que dans ceux d'un plus grand diamètre.
Cette disposition particulière et très-remarquable,
offre de très-beaux effets, et on en tireroit un grand
parti pour l'ébénisterie, si ces écorces, comme celles
des autres arbres, n'étoient pas sujettes à se tourmen-

ter. Elles pourront néanmoins fournir un sujet inté-
ressant d'observation pour l'étude de la physiologie
végétale. Cette analogie singulière existe également
dans leur bois, et elle est si frappante, que lorsqu'ils sont privés de leur écorce, on ne voit aucune
différence, soit dans la texture du grain, qui dans
tous est grossière et peu serrée, soit dans la couleur
du cœur qui est rougeâtre. A ces propriétés apparentes, s'en trouvent jointes d'autres très-remarquables,
qui, quoique modifiées selon les espèces, sont réunies, dans les unes et dans les autres, à un plus haut
degré, que dans aucun autre arbre connu sous les
mêmes latitudes, soit en Amérique, soit en Europe.
Ces propriétés sont une extrême pesanteur, une très-
grande force, beaucoup de tenacité, et la même
disposition à pourrir très-promptement, lorsqu'ils
sont exposés aux alternatives de la chaleur et de
l'humidité; enfin à être aussi fort aisément attaqués
par les vers. C'est donc d'après ces avantages et ses
défauts très - marqués, connus à toutes les espèces
d'Hickerys, et constatés par l'expérience, que les
usages de leur bois paroissent actuellement bien
déterminés, de sorte que dans l'emploi qu'on en fait
dans les arts, on n'a point égard aux espèces dont
il est tiré.

Dans aucune partie des Etats-Unis, le bois des
Noyers Hickerys n'est employé dans la bâtisse des
maisons, parce que, comme je l'ai dit précédemment,
il est trop pesant, et sujet à être attaqué par les
vers; mais si ces défauts essentiels s'opposent à son

emploi dans les constructions civiles, les qualités
qu'il possède d'une autre part, le rendent propre
à beaucoup d'usages, pour lesquels, malgré leur
moindre importance, il ne pourroit être remplacé
aussi avantageusement. Ainsi dans tous les États du
milieu, on s'en sert pour faire les essieux des voitures, les manches de coignées et des autres outils
de charpentier; les grosses vis, et surtout celles
des presses de relieurs. Les dents d'engrénage des
roues de beaucoup de moulins à farine, sont faites
en cœur d'Hickery bien sec; mais on ne les adapte
qu'à celles de ces roues qui ne sont point exposées
à être mouillées ; c'est même pour cette raison
que quelques charpentiers employent d'autre bois.
Les bâtons qui forment le dos des chaises, dites
de Windsor, les manches des fouets de carrosse,
les baguettes de fusil, les dents de rateaux à foin,
les fléaux à battre les grains, les *bows*, pièces cir-
culaires pour maintenir le joug sur le col des bœufs,
les anses des seaux, tous les balais communs, sont
autant d'objets qui sont toujours faits en bois d'Hickery. A Baltimore, on en fait encore le tour des
tamis, et on le préfère au Chêne blanc, qui est aussi
élastique, mais plus susceptible de s'effiler et de
tomber en parcelles dans les substances qu'on tamise.
Dans les campagnes qui avoisinent Augusta en Géorgie, j'ai remarqué que le bois des chaises communes
étoit aussi en Hickery : dans le New-Jersey, on
s'en sert aussi pour doubler les traîneaux ordinaires;
mais pour qu'il convienne bien à cet usage, il faut

qu'il soit coupé long-temps d'avance, afin de n'être mis en œuvre que lorsqu'il est très-sec.

De toutes les nombreuses espèces d'arbres qui composent les forêts américaines situées à l'est du Mississipi, les Noyers Hickerys sont les seuls qui se soient trouvés parfaitement convenir pour faire les cercles à tonneaux et à barriques, ainsi que ceux qu'on emploie à donner de la solidité aux caisses destinées à contenir des marchandises; pour ce seul usage, il s'en consomme une très-grande quantité, laquelle est encore augmentée par ce qui est exporté pour le même objet aux colonies des Indes occidentales. Ces cercles sont faits de jeunes Hickerys, de 2 à 4 mètres (6 à 12 pieds) de hauteur, que les paysans coupent dans les bois, sans distinction d'espèces, toutes y étant également convenables. Les plus grands se vendoient à Philadelphie et à New-York, au mois de février 1808, de 15 à 16 francs le cent. Ces brins fendus en deux, ne sont pas, comme les cercles du châtaigner, assujettis sur les barriques avec de l'osier, mais seulement croisés et maintenus par des entailles; ce qui paroît suffire en raison de la force du bois.

Si l'on considère que la plus grande partie des productions des Etats-Unis, telles que les farines, les salaisons, etc., sont mises dans des barriques, et exportées de cette manière chez l'étranger, on jugera combien doit être considérable la quantité de cercles nécessaires à leur confection; aussi les jeunes arbres qui conviennent à cet usage, commencent-ils à devenir très-rares dans tous les bois qui avoisinent les endroits un peu anciennement habités. Ce qui augmente encore beaucoup leur rareté, c'est qu'une fois coupés, il ne repoussent pas du pied, et que d'ailleurs leur végétation est très-lente. Les tonneliers ne peuvent pas non plus faire des provisions très-considérables de brins d'Hickery; car s'ils ne sont pas employés dans le courant de l'année qu'ils ont été coupés, et souvent même dans les *six* premiers mois, ils sont attaqués par deux insectes différens, et surtout par une espèce dont la larve les ronge intérieurement, et qui fait le plus de dégâts; c'est ce qui m'a engagé à la figurer dans la planche qui représente le *Juglans tomentosa*, parce que j'ai remarqué, qu'il en étoit de préférence attaqué.

Les défauts qui font que l'Hickery n'est point employé dans la bâtisse des maisons, s'opposent également à ce qu'il le soit dans les constructions maritimes ; cependant on s'est servi autrefois accidentellement à Philadelphie et à New-York du *Juglans squamosa* et du *Juglans porcina* pour en faire la quille des vaisseaux, dont la durée étoit la même que si elle eût été d'un autre bois, attendu que cette partie du navire reste continuellement submergée. De ces deux espèces, le *Juglans porcina* est préférable, comme moins sujet à se fendre; mais on en fait peu d'usage, parce qu'il est assez rare qu'il puisse fournir des pièces d'une aussi grande dimension que la première espèce.

A bord de tous les petits bâtimens, tels que les

bateaux et les goëlettes, les cerceaux destinés à maintenir les voiles sur les mâts sont toujours en Hickery. Quelques personnes m'ont aussi assuré qu'on en avoit fait de bonnes chevilles pour attacher les cordages ; qu'elles avoient sur celles de Frêne l'avantage d'être plus fortes, et qu'elles étoient tout aussi durables, pourvu qu'elles fussent tenues lâches dans les trous, car sans cette précaution, elles ne pourroient sécher promptement, et pourriroient très-vîte. Mais c'est surtout pour barres de cabestan, à cause de sa très-grande force, que l'Hickery est fort estimé ; aussi s'en sert-on pour cet usage à bord de tous les vaisseaux, et il s'en exporte pour le même objet en Angleterre, où ces barres se vendent 5o pour 1oo de plus que celles qui sont en Frêne, et qu'on y importe également du nord des Etats-Unis. Quoique toutes les espèces d'Hickerys soient indifféremment coupées pour cet usage, je pense que celles qui sont en jeune *Juglans porcina*, sont les meilleures.

Doués d'une grande pesanteur, tous les bois des Noyers Hickerys paroissent contenir sous un petit volume, une masse considérable de matières combustibles, car en brûlant, ils donnent beaucoup de chaleur, et laissent après eux un charbon lourd, compacte et qui subsiste long-temps allumé : sous ce rapport, il n'existe pas sous les mêmes latitudes, soit en Amérique, soit en Europe, aucun arbre qui puisse lui être comparé ; c'est du moins l'opinion unanime de tous les Européens qui ont séjourné dans les Etats-Unis. A New-York, à Philadelphie et à Baltimore, toutes les personnes un peu aisées ne brûlent que de l'Hickery, et quoiqu'il se vende cinquante pour cent plus cher que le Chêne, on trouve encore de l'avantage à s'en servir. Il se vendoit à New-York, le 20 octobre 1807, 15 dollars (78 francs) la corde, et le bois de Chêne, 10 dollars (52 francs). Cette qualité supérieure reconnue depuis long-temps à l'Hickery, le fait toujours mettre en vente séparément. A New-York, j'ai observé que le *Juglans squamosa* dominoit sur les autres espèces, tandis qu'à Philadelphie et à Baltimore, c'étoit au contraire le *Juglans tomentosa;* mais dans cette dernière ville, on ne voit pas de *Juglans squamosa*, toujours facile à reconnoître à son écorce écailleuse.

La quantité plus ou moins grande des différentes espèces de bois Hickery, qu'on apporte dans les grandes villes pour leur consommation, est uniquement relative à la température du climat, et à la nature du sol qui convient le mieux à chacune d'elles, et non à l'opinion que les habitans auroient pu se former sur leur degré respectif de bonté, bien que l'expérience ait appris que le bois du *Juglans tomentosa* étoit le meilleur, et celui du *Juglans amara* le moins bon; mais cette différence est assez peu sensible, pour que généralement on n'y ait point égard, lorsqu'on fait sa provision. Comme combustible, l'Hickery a cependant un léger inconvénient, c'est de craquer en brûlant comme le châtaignier, et d'envoyer au loin des éclats enflammés; c'est pour cette raison que dans beaucoup de maisons on fait usage de garde-feux ; précaution très-sage , dans un pays où tous les planchers des édifices sont en bois.

Parmi les usages variés auxquels j'ai dit que le bois des Noyers Hickerys étoit employé dans les Etats-Unis, il en est deux qui , réunis à la lenteur de leur croissance, doivent principalement accélérer la destruction de ces arbres, savoir , la coupe des jeunes brins destinés à faire des cercles, et celle des arbres à haute tige pour le bois de chauffage. Ces considérations , indépendamment d'une infinité d'autres causes concomitantes qui tendent toutes à la rapide destruction des forêts de cette partie du Nouveau-Monde, me font croire qu'avant cinquante ans , elles ne pourront fournir la dixième partie des cercles nécessaires aux besoins du commerce : ces motifs sont assez puissans, pour engager les personnes qui , dans ce pays , ont le bon esprit de conserver leur bois et qui désirent d'en augmenter la valeur, à y multiplier les espèces les plus précieuses, et notamment les Noyers Hickerys. Elles parviendront aisément à ce but, en faisant enterrer chaque printemps des noix qu'elles auroient préalablement fait germer dans des caisses remplies de terre, conservées dans la cave, et maintenues à l'état de fraîcheur; par ce moyen très-simple, la réussite en seroit assurée. Je pense même, qu'il seroit avantageux d'en planter une plus grande quantité que l'espace du terrein ne sembleroit le comporter; car lorsque les jeunes arbres auroient acquis près d'*un* pouce de diamètre, on en couperoit une partie pour faire des cercles, et le surplus donneroit du bois de chauffage, ou serviroit aux divers usages auxquels le bois de ces sortes de Noyers est le plus propre.

On a dû voir par ce qui a été dit précédemment, que si le bois de tous les Noyers Hickerys a des défauts essentiels, il a aussi des propriétés fort remarquables qui les compensent, et qui le font rechercher dans les arts. Je pense donc que ces arbres méritent l'attention des Européens, surtout comme pouvant fournir un excellent combustible; et quoique leur croissance soit très-lente dans les premières années, il conviendroit néanmoins de les faire entrer dans la composition de nos forêts; mais je doute qu'on puisse jamais y parvenir, si on enterre dans les bois les noix elles-mêmes, car cet arbre même très-jeune, ne souffre que difficilement la transplantation; l'expérience ayant appris que quoique dans les quatre premières années, les jeunes brins aient à peine acquis 6 millimètres (3 lignes) de diamètre, sur 34 centimètres (18 pouces) de hauteur, si on cherche à les déraciner, on trouve qu'ils ont déjà des pivots de 1 mètre (3 pieds) de longueur, sans le moindre chevelu; c'est ce qui fait que de plus cent mille jeunes plants, qui sont provenus d'une grande quantité de noix que j'ai envoyées en France pendant mes différens voyages en Amérique, on ne voit presque nulle part de ces Noyers, parce que tous ces plants périssent ou languissent lorsqu'on les transplante

des pépinières dans des endroits plus espacés, d'où
ils doivent une seconde fois être enlevés pour être
mis en place. Le Noyer noir et le Noyer cathartique,
au contraire, dont la végétation est très-accélérée,
qui ne pivotent que très-peu, et dont les racines
se garnissent abondamment de chevelu, reprennent
facilement à la transplantation, même lorsqu'ils ont
atteint 2 à 3 mètres (6 à 9 pieds) de hauteur. Je
terminerai ce résumé des propriétés des Noyers Hickerys, par recommander plus particulièrement l'introduction dans les forêts européennes du *Juglans
squamosa* et du *Juglans porcina*, et c'est parmi
toutes les espèces que j'ai fait connoître, celles qui,
sous le rapport de leur bois, réunissent à mon avis
au plus haut degré tous les avantages.

Je crois également que le *Juglans olivæformis*,
mérite l'attention des amateurs de cultures utiles,
non pas à cause de son bois, mais parce que ses noix
sont fort bonnes, qu'elles sont plus délicates que
celles d'Europe, et qu'elles peuvent doubler de grosseur, surtout si on parvient à les greffer avec succès
sur le Noyer noir ou le Noyer commun ; tentative
qui devroit aussi être faite dans les Etats-Unis.

TABLE.